MATLABで学ぶ
実践画像・音声処理入門

博士（工学） 伊藤　克亘
工 学 博 士 花泉　　弘 共著
博士（工学） 小泉　悠馬

コロナ社

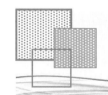

まえがき

　音声や画像は，コンピュータ処理の対象となって，メディアとしての可能性が飛躍的に広がりました。そのようなディジタル処理技術の多くは，数学に基づいています。また，音声や画像は物理的な現象なので，物理モデルも多用されます。物理モデルの多くも数式に基づいています。

　MATLABは，それらの処理を，ほぼ数式をそのまま記述するのと同様の形式でプログラミングできます。そのため，論文など専門文書で数式に基づいて紹介される手法を直接試すのに便利です。

　本書では，そういった手法を身につけるための基本的な手法を簡単な数式に基づく処理のプログラムとして取り上げています。これらのプログラムで，実際の音声データや画像データを処理しながら学ぶことを目的としています。コンピュータによる音声や画像の簡単な加工，分析，生成方法を，音声処理と画像処理の共通性を意識しながら学べるような内容にしました。

対 象 読 者

　本書では，数式に基づく手法の説明に集中するため，MATLABのプログラミング言語としての文法や使い方などは，必要最低限しか取り上げません。幸い，プログラミング言語としてのMATLABの使い方については，MathWorks社のMATLABトレーニングのページ（https://matlabacademy.mathworks.com/jp）にある無料コースの「MATLAB入門」が優れています。本書では，このコースを修了していることを想定しています。

　数学に関しては，高校数学および大学レベルの微積分，線形代数，統計学の

基礎知識があることを想定しています。またフーリエ変換については，どのようなものか知っている方がサンプルプログラムを理解しやすいでしょう。数学に関しては，必要に応じて，これらのレベルの基礎的な教科書を参照すれば十分でしょう。

本 書 の 構 成

　本書では，説明内容に合わせて，数行のプログラムが示されます。これらのプログラムは，章内では，全部続けて実行することを想定しています。つまり，章の最初の方で値を設定された変数が，後のプログラムで断りなしに使われることもあります。

　また，章の最初にキーワードを示します。それに関連する数学的な事項を思い出すとよいでしょう。

　その章で学んだことを定着させるための章末問題も用意しています。これらの問題は，学んだ知識を自分なりに応用するためのヒントになっています。定着させるためには，最後まで自力で考えた方がよいのですが，巻末にはヒントを掲載しました。

本書で想定する MATLAB 環境

　本書のサンプルプログラムは，Windows 10 上の MATLAB 2019a の環境で動作確認しています。Mac や Linux など異なる環境では，出力などが多少異なることもありうるのでご留意ください。

　本書で用いた音声や画像データ，本書のために開発したパッケージもサポートサイト（www.coronasha.co.jp/np/isbn/9784339009255/）からダウンロードできます。

　本書では，MATLAB 本体以外につぎの Toolbox を用います。Image Processing Toolbox（2, 5, 6, 10〜12 章），Signal Processing Toolbox（3〜5, 7〜9, 12 章），Statistics and Machine Learning Toolbox（6, 7, 11, 12 章）。

　科学技術プログラミングの分野では，MATLAB と同様な用途で，Python の NumPy などのモジュールが使われます。拙著『Python で学ぶ実践画像・音声処理入門』（2018 年，コロナ社刊）は本書とほぼ同じ内容となっているので，Python のプログラムを MATLAB に移植したり，その逆の用途にも役立つと思います。これらの書籍が，音声・画像処理の実践的なプログラミングを習得する一歩になれば幸いです。

2019 年 7 月

著　　　者

目　次

1　簡単な音声処理

1.1　波形データの生成 ………………………………………………… 1
1.2　1次元データの可視化 …………………………………………… 5
1.3　時間波形の重ね合わせ …………………………………………… 9
1.4　時間波形の連結 …………………………………………………… 12
1.5　読み込んだ音声データの加工 …………………………………… 13
　章　末　問　題 ………………………………………………………… 17

2　簡単な画像処理

2.1　画　像　の　構　造 …………………………………………………… 19
2.2　画像・ビデオの読み込み ………………………………………… 23
2.3　領　域　の　抽　出 …………………………………………………… 28
　章　末　問　題 ………………………………………………………… 34

3　音声のフーリエ変換

3.1　周　期　現　象 ……………………………………………………… 36
3.2　フーリエ変換 ……………………………………………………… 37
3.3　窓　関　数 ………………………………………………………… 40

目 次 　 v

3.4 実データのスペクトル解析 ………………………………… 44

3.5 スペクトログラム ……………………………………………… 47

3.6 逆フーリエ変換 ………………………………………………… 50

章 末 問 題 ……………………………………………………… 52

4 フィルタ（音声）

4.1 線形フィルタ …………………………………………………… 55

　4.1.1 線 形 シ ス テ ム ……………………………………… 55

　4.1.2 遅 延 演 算 ……………………………………………… 56

　4.1.3 移動平均フィルタ ……………………………………… 58

4.2 インパルス応答 ………………………………………………… 61

4.3 IIR フィルタ …………………………………………………… 63

4.4 フィルタ設計のツール ………………………………………… 65

章 末 問 題 ……………………………………………………… 66

5 画像の周波数領域処理

5.1 空 間 周 波 数 ………………………………………………… 69

5.2 2次元フーリエ変換 …………………………………………… 71

5.3 周波数領域でのフィルタ処理 ………………………………… 74

5.4 周波数領域での画像の拡大 …………………………………… 77

章 末 問 題 ……………………………………………………… 78

6 画像の空間領域処理

6.1 2次元畳み込み ………………………………………………… 80

vi　目　　　　　　次

6.2　微　分　演　算 …………………………………… 84

6.3　エ ッ ジ の 検 出 …………………………………… 85

6.4　非線形フィルタ …………………………………… 89

章　末　問　題 ………………………………………… 89

7　音声データの相関

7.1　相　互　相　関 …………………………………… 91

　7.1.1　ベクトルの類似度 ……………………………… 91

　7.1.2　相互相関関数 …………………………………… 95

7.2　自　己　相　関 …………………………………… 96

7.3　時間波形のフレーム処理 ………………………… 99

章　末　問　題 ………………………………………… 104

8　画像データの類似度

8.1　画素のユークリッド距離 ………………………… 106

8.2　画素の相関の応用 ………………………………… 107

8.3　領　域　の　相　関 ……………………………… 109

章　末　問　題 ………………………………………… 113

9　複　素　信　号

9.1　信号の複素指数関数表現 ………………………… 115

9.2　周　波　数　変　調 ……………………………… 117

　9.2.1　瞬　時　周　波　数 …………………………… 117

　9.2.2　周　波　数　変　調 …………………………… 118

目　　　　次　　　*vii*

9.2.3　任意の音の周波数変調 ·· *119*

章　末　問　題 ·· *123*

10　画像の幾何学的処理

10.1　2次元平面上の回転 ··· *126*

10.2　2次元平面上の平行移動 ··· *128*

10.3　同次座標表現を用いた変換 ·· *129*

10.4　アフィン変換 ··· *130*

10.5　射　影　変　換 ·· *133*

10.6　複雑な形状の変換 ··· *133*

章　末　問　題 ·· *136*

11　分　　　　　類

11.1　特　　徴　　量 ·· *138*

11.1.1　短時間エネルギー ·· *139*

11.1.2　零　交　差 ··· *140*

11.2　k最近傍分類 ··· *142*

11.3　最　尤　法 ·· *146*

章　末　問　題 ·· *148*

12　音声・画像処理の応用

12.1　Wavetable合成 ·· *150*

12.1.1　ADSRエンベロープ ·· *150*

12.1.2　楽器音からの波形データの抽出 ································ *153*

viii　　目　　　　　　次

12.1.3　複数のテンプレートを用いた合成 ····························· *154*

12.1.4　長　さ　の　変　更 ·· *157*

12.1.5　リサンプルによるピッチの変更 ····························· *157*

12.2　衛星画像の時間変化領域の解析 ································ *158*

章　末　問　題 ·· *163*

章末問題ヒント ·· *166*
索　　　　引 ·· *185*

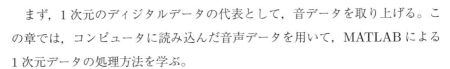

1 簡単な音声処理

まず，1次元のディジタルデータの代表として，音データを取り上げる．この章では，コンピュータに読み込んだ音声データを用いて，MATLABによる1次元データの処理方法を学ぶ．

キーワード 振幅，周波数，サンプリング周期，サンプリング周波数，離散的，スカラ，ベクトル，可視化

1.1 波形データの生成

最も単純な音の一つに**純音**がある．純音は**正弦波**で表される．物理の教科書を見ると，純音は式 (1.1) のように表される．

$$y = A\sin(2\pi ft) \tag{1.1}$$

ここで，y は音圧，A は**振幅**，f は**周波数**，t は時間である．y の変化のグラフが図 **1.1** である．

グラフは2次元であるが，y という一つの変数が各時刻で一つの値をとり，その値が時間で変化するので1次元データと呼ぶ．

式 (1.1) に基づいて，MATLABで音のディジタルデータを生成するプログラムを作成する．データを生成するためには，まず，式 (1.1) の変数の値を決めなければならない．A, f は，それぞれ一つの値を定めればよい．例えば，$A=1$, $f=50$ などである．このように大きさのみを持つ量のことを**スカラ**と呼ぶ．

一方，t については，例えば，1秒間のデータを作成するときには，開始時刻を

0 秒とすると，時刻 0 秒から 1 秒まで変化する。式で書くと $0 \leqq t \leqq 1$ となる。

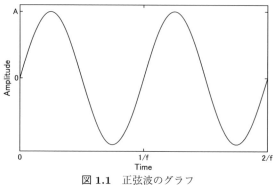

図 **1.1** 正弦波のグラフ

つまり一つの値ではない。

物理的な世界では，t は連続的に変化する。このような連続的な量をコンピュータで扱う最も一般的な方法は，均等で微小な間隔の値の列として表現することである。例えば，$1/8\,000$ 秒の間隔とすると，$0 \leqq t \leqq 1$ という範囲は，$0, 1/8\,000, 2/8\,000, 3/8\,000, \cdots, 7\,999/8\,000$，1 という数の列で表される。この間隔 $1/8\,000$ 秒を**サンプリング周期**と呼ぶ。また，この周期に対応する周波数を**サンプリング周波数**と呼ぶ。周波数は周期の逆数なので，この場合は $8\,000\,\mathrm{Hz}$ となる。

このようにとびとびの値で表すことを**離散的**であるという。つまり，コンピュータの中では正弦波は，図 **1.2** の丸印の値だけで表される。

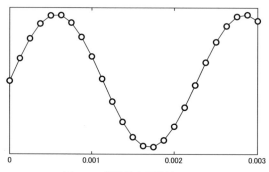

図 **1.2** 離散的な正弦波データ

このようなデータをプログラミングするときには，t をひとまとまりで扱うと便利である。そのような場合，数学的には**ベクトル**として扱うことがある。プログラムでは，ベクトルをひとまとまりで扱えると便利である。

1.1 波形データの生成　　3

● **正弦波の生成**　　MATLAB で 440 Hz の音を 1 秒間生成してみる。コマンドウィンドウに**プログラム 1-1** のように入力する。「>>」は，MATLAB が表示するプロンプトである。したがって試すときには，入力しなくてよい。

────────── プログラム 1-1（正弦波の生成）──────────

```
>> fs=8000;
>> t=0:1/fs:1; ❶
>> f=440;
>> a=0.8;
>> y=a*sin(2*pi*f*t); ❷
```

このように，MATLAB はベクトルを用いた計算を非常に簡単に，ほとんど数式と同じ形でプログラミングできる。❶ では，時間を表す数列を作成している。「:」は，MATLAB ではいろいろな意味を持つ記号であるが，ここでは，数列を生成するために利用されている。

数列を生成するときに使う「:」の使い方を示す。

```
>> n=0:10
n =
     0 1 2 3 4 5 6 7 8 9 10
```

このように，「開始値:終了値」という形で指定する（この例の場合，開始値は 0，終了値は 10）と，0 から 10 までの整数列が生成され，変数 n に代入される（MATLAB では，変数自体には型がないことに注意）。

プログラム 1-1 の t の例は「:」が二つ使われている。この場合は，「開始値:間隔:終了値」となる。間隔を指定した「:」の例を示す。

```
>> m=-1:0.5:2
m =
    -1.0000 -0.5000 0 0.5000 1.0000 1.5000 2.0000
```

指定された通りに 0.5 刻み間隔で −1 から 2 までの値からなる数列が生成される。行の最後の「;」は，値の表示を抑制する。つぎに例を示す。

4   1. 簡 単 な 音 声 処 理

```
>> a=1 ❶
a =
    1
>> b=2; ❷
>> c=a+b; ❸
```

❶ のように，代入など計算を行うと値が表示される。しかし，❷ のように「;」を付けるとなにも表示されない。❸ のように計算したときも，その式に「;」を付けると結果は表示されない。

プログラム 1-1 の ❷ は，式 (1.1) を MATLAB でプログラミングしている。数式とほとんど同じ形で表現できることに注目してほしい。この pi は，MATLAB であらかじめ用意されている変数で π の値を持つ。

sin は，三角関数の sin である。MATLAB で用意されている関数については，help コマンドで説明を見られる。

```
>> help sin
sin - ラジアン単位の引数の正弦

    この MATLAB 関数 は，X 要素の正弦を返します。

    Y = sin(X)

    参考 asin, asind, sind, sinh

    sin のリファレンスページ
    sin という名前のその他の関数
```

sin のリファレンスページの部分をクリックするとさらに詳しい説明が読める。help の説明では関数名が大文字になっているが，実際に使うときには小文字でないといけないことに注意せよ。この説明では，引数に関して「X 要素の」と書かれている。プログラム 1-1 の 4 行目を見ればわかるように，この sin は引数に数列（配列）をとれる。引数に数列をとった例を示す。

```
>> sin(0:0.1:1)
ans = ❶
  Columns 1 through 7
        0 0.0998 0.1987 0.2955 0.3894 0.4794 0.5646
  Columns 8 through 11
    0.6442 0.7174 0.7833 0.8415
```

❶ の ans は，直前の計算結果が自動的に代入される変数である。この例の
ように，sin は，数列を引数に与えると，計算結果も数列となり，その値は引
数の sin の値である。このように，MATLAB の多くの関数は数列や行列を引
数にとることができ，数式とほぼ同じ形でプログラミングできる。

プログラム 1-1 の ❷ では，t は数列である。t に掛けられている 2*pi*f は
π，f がスカラなので，スカラである。MATLAB では数列をベクトルとして扱
う。また，MATLAB では数式同様ベクトルにスカラが掛けられる場合は，ベ
クトルのそれぞれの要素をスカラ倍する。したがって，2*pi*f*t は，数列 t の
おのおのの要素をそれぞれ $2\pi f$ 倍する。すべての要素が $2\pi f$ 倍された数列に
対して sin を計算し，その結果の数列を a 倍する。

作成した音データを出力するための関数が sound である。プログラム 1-1 で
作成した y は，つぎのようにして出力する。

```
>> sound(y, 8000)
```

第 1 引数が出力したい数列，第 2 引数はサンプリング周波数である。周波数が
440 Hz の「ラ」の音が 1 秒間聞こえるはずである。

1.2　1次元データの可視化

音を生成したり，加工したり，録音した場合には，もちろん，音を再生，出
力して確認すべきである。しかし，音は聞こえ方が人によってかなり異なるし，
プログラムに失敗していたら，聞こえる音にならなかったり，デバイスに悪影

響を与えるようなデータになることもある．したがって，聞く以外の方法でも確認した方がよい．普通には見ることができないデータを見えるようにすることを**可視化**という．

まず，時間に対する音圧の変化のグラフ（**音声波形**，**時間波形**の**プロット**と呼ばれることが多い）で確認する方法を取り上げる．

```
>> plot(y)
```

plot は，数列をプロットする関数である．特に指定しなければ，横軸を数列の**インデクス**（番号）とし，縦軸を数列の値として，直線でつないだグラフを表示する（図 1.3）．

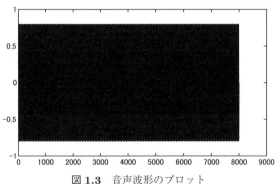

図 1.3　音声波形のプロット

これではどのように値が変化しているかはほとんどよくわからないだろう．そのような場合は拡大できる．グラフが表示されている Figure 1 というウィンドウのメニューの「ツール」から「オプション」を選択し，「水平方向のズーム」を選ぶ．その後グラフの右上の「+」が中に書かれている虫眼鏡アイコンを選択し，適宜左クリックをすると，うまく操作できれば，図 1.4 のように，典型的な正弦波のグラフが見られる．

これらのグラフでは，縦軸（y 軸）は，音圧（変位ともいう）を表している．しかし，横軸（x 軸）は，時刻ではなく，データのインデクスを表す．グラフの概形を見るだけなら，このプロット方法でも十分である．しかし，データの

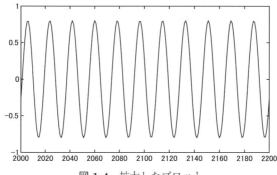

図 1.4 拡大したプロット

特定の時刻の様子を観察するためには，横軸が時間に対応するようにプロットすべきである．

```
>> plot(t,y) ❶
>> xlabel('Time (s)') ❷
>> ylabel('Amplitude') ❸
```

❶ のように，第1引数に時刻に対応した数列を指定すると，横軸は時刻になる（図 1.5）．❷ の xlabel，❸ の ylabel はグラフの軸にラベルを設定する関数である．

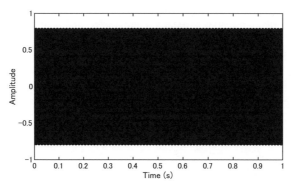

図 1.5 横軸の単位を時刻に設定したグラフ

● **数列の部分的な利用** グラフの詳細を観察するたびに拡大ツールを使うのは面倒なので，データの一部をプロットする方法を紹介する．

8   1. 簡 単 な 音 声 処 理

MATLAB でベクトルの要素を指定するには，つぎのように () で**インデク
ス**を囲む。

```
>> y(1) ❶
ans =
     0
>> length(y) ❷
ans =
        8001
>> y(8001)
ans =
   5.0209e-14
>> y(end) ❸
ans =
   5.0209e-14
>> y(8000)
ans =
   -0.2710
>> y(end-1) ❹
ans =
   -0.2710
```

MATLAB では，Python など多くのプログラミング言語とは違って，インデク
スは 0 でなく 1 から始まる。つまり ❶ は，y の最初の要素を表示している。
❷ の length は配列の長さを返す関数である。end は MATLAB ではさまざま
な用途がある。インデクスで end を用いると，そのインデクスの最後のインデ
クスを表すことができる（❸）。このほかにも，❹ のように，end は式にも使用
できる。

また，MATLAB では，数列を用いて複数のインデクスを一度に指定できる。

```
>> y(1:10)
ans =
  Columns 1 through 7
        0 0.2710 0.5099 0.6886 0.7858 0.7902 0.7010
  Columns 8 through 10
    0.5290 0.2945 0.0251
```

これは y の最初から 10 点の値を出力している。このように，MATLAB では複数の値を同時に指定できるので，y の一部を簡単に取り出せる。この機能を使うと，つぎのように簡単に y の一部をプロットできる。

```
>> plot(y(1:10))
```

横軸を対応する時刻にするためには，t と y に関して，同じインデクスの部分を取り出せば，x 軸に対応する時間が表示される。

```
>> r=1:10;
>> plot(t(r),y(r))
```

1.3　時間波形の重ね合わせ

　音というメディアでは，和音を出したり，複数の楽器で合奏したり，セリフの背景に音楽（BGM）を流したりするように，同時に複数の音を重ねてすべてを聞かせることができる。複数の音を同時に鳴らすのは，時間波形の足し算で実現できる。**プログラム 1-2** に三つの音を重ねるプログラムを示す。何行にもわたるようなプログラムは，スクリプトとして保存することができる。スクリプトを作成するには，メインウィンドウの「ホーム」タブから「新規スクリプト」のアイコンをクリックする。すると，空のエディターが開くので，そこにプログラム 1-2 を入力すればよい。

――――――― プログラム 1-2（時間波形の重ね合わせ）―――――――

```
fs=8000;
t=0:1/fs:1;
a=0.3;
y523=a*sin(2*pi*523*t); ❶
y660=a*sin(2*pi*660*t); ❷
y784=a*sin(2*pi*784*t); ❸
yy=y523+y660+y784; ❹
sound(yy,fs)
```

10   1. 簡 単 な 音 声 処 理

```
r=1:100;
plot(t(r),yy(r))
```

入力し終わったら，エディターの「エディター」タブの「ファイル」のところ
から，「保存」を選択し，適当な名前を付けて保存する（例えば，add3waves.m
とする）。このプログラムは，エディターの「エディター」タブの「実行」アイ
コンを選択することで実行できる。また，コマンドウィンドウで，つぎのよう
にファイル名を入力することでも実行できる。

```
>> add3waves
```

このように実行すると，`fs`，`t` などの変数は，このスクリプトで設定された値
のままになる。

　プログラム 1-2 では，❶，❷，❸ で三つの正弦波を作成し，❹ の「+」で重ね
合わせている。実行結果のプロットを見るとわかるように，新しく生成された
時間波形の振幅は，おのおのの波の振幅よりも大きな値になっていることがわ
かる。

　周波数がもう少し近い音を重ね合わせてみる（**プログラム 1-3**）。

─────── **プログラム 1-3**（時間波形の重ね合わせ─うなり）───────

```
>> a=0.4;
>> y438=a*sin(2*pi*438*t);
>> y442=a*sin(2*pi*442*t);
>> sound(y438+y442,fs)
```

　二つの音ではなく，一つの音が振幅を変化させて鳴っているように聞こえる
だろう。これはいわゆる**うなり**という現象である。

　振幅が同じで周波数が異なる正弦波を足し合わせることを数式にすると，式
(1.2) のようになる（周波数は f_1，f_2 とする）。

$$yy = a\sin(2\pi f_1 t) + a\sin(2\pi f_2 t) \tag{1.2}$$

　この式は，三角関数の和積公式を用いると，式 (1.3) のように変形できる。

1.3 時間波形の重ね合わせ　*11*

$$yy = a_{yy} \cos(2\pi f_b t) \sin(2\pi f_a t) \tag{1.3}$$

式 (1.3) を MATLAB で計算するためには，つぎのようにする（**プログラム 1-4**）。

―――――― **プログラム 1-4**（余弦波の乗算によるうなりの生成）――――――

```
>> yy=ayy*cos(2*pi*fb*t).*sin(2*pi*fa*t); ❶
>> sound(yy,fs)
```

`ayy`, `fb`, `fa` などは適宜計算してほしい（章末問題【**5**】）。正しく計算できていれば，プログラム 1-3 と同じ結果が得られる。❶ では，cos と sin の計算結果として得られる数列どうしを掛けている。「`.*`」という演算子がどのような計算を行うかは，`help` 関数で確認できる。

```
>> help .*
```

このように入力すると，つぎのような説明が表示される。

```
times - 要素単位の乗算

    この MATLAB 関数は，配列 A と B を要素ごとに乗算して，結果 C を返します。

    C = A.*B
```

「要素ごとに乗算する」とはどのような計算か，つぎのように確認できる。

```
>> x=[1 2 3]; ❶
>> y=[4 5 6];
>> x.*y
ans =
     4 10 18
```

❶ では，`[]` でベクトルを作成している。後でも述べるが，MATLAB では `[]` でベクトルや行列を作成できる。ここでは，空白で区切って並べた数字の列を `[]` で囲むことで，**行ベクトル**を作成している。`x.*y` の結果は，x と y の対応

12　　1. 簡 単 な 音 声 処 理

する値を掛けた値からなる数列である。つまり，要素数は 3 個で最初の要素が
$x(1) \times y(1) = 1 \times 4 = 4$ となる。

　式 (1.3) の $a_{yy} \cos(2\pi f_b t)$ の部分を式 (1.1) の A の部分に対応すると考え
ると，振幅を時間の関数によって変化させている，ととらえられる。このよう
に，信号の振幅を時間の関数で変化させることを**振幅変調**と呼ぶ。

　音を重ね合わせて生成された音は，元のそれぞれの音の振幅より大きくなる
ことがある。help コマンドを用いるとわかるが，sound 関数は，再生できる
データの変位に範囲があり，その範囲外の値は，範囲の最大・最小値とされて
しまう（**クリップ**されるという）。

　音がクリップされて再生されると歪んでしまう。例えば，つぎのようにする
と音は歪んでしまう。

```
>> sound(20*sin(2*pi*440*t),fs)
```

歪ませないためには，sound に与えるデータを歪まない範囲でおさまるように
しなければならない。つまり，波形を変化させずに最大値が 1.0 を超えないよ
うにし，最小値は -1.0 より小さくならないようにしなければならない（この
ように，元の値の比率を変えずに，最大値などを制限に応じて変換することを
正規化と呼ぶ）。

　MATLAB では，自動的にこのような処理をして出力する soundsc 関数が
用意されている。soundsc を使うと音は歪まない。

1.4　時間波形の連結

　音楽で「ドレミ」というフレーズを生成するときには，「ド」が終了した時
刻のつぎに「レ」がくる，というように，時間波形が順々に連結されたように
する。

　プログラム 1-1 のように生成した時間波形は，行ベクトル（行列の行方向に

伸びるベクトル）になっている。MATLAB で行ベクトルを行方向に連結するには，つぎのようにする。

```
>> v1=[0 1 2]
v1 =
     0 1 2
>> v2=[3 4];
>> v3=[5 6 7 8];
>> v=[v1 v2 v3] ❶
v =
     0 1 2 3 4 5 6 7 8
```

❶ のように，空白を区切り記号として行ベクトルを並べると，その順に行方向に連結される。ベクトルの数はいくつでも構わない。

プログラム 1-2 の y523 と y660 を連結して再生するには，つぎのようにすればよい。

```
>> soundsc([y523 y660], fs)
```

途中で音の高さが高くなるように聞こえるはずである。

1.5　読み込んだ音声データの加工

まず，音声ファイルを MATLAB に読み込む方法を説明する。MATLAB を起動して，「カレントディレクトリ」のところに，音声ファイル vibra8.wav をドラッグアンドドロップしてコピーしておく。「コマンドウィンドウ」につぎのようにタイプする。

```
>> [y, fs] = audioread('vibra8.wav');
```

audioread は音声ファイルのデータを MATLAB に読み込む関数である。読み込んだデータは，プログラム 1-1 で作成したデータと同様に sound で出力できる。しかし，少し異なる部分がある。

14　　　1.　簡　単　な　音　声　処　理

読み込んだデータの最初の部分を表示させてみる。

```
>> y(1:10)
ans =
          0
    -0.0000
          0
    -0.0001
     0.0001
    -0.0006
    -0.0016
    -0.0017
    -0.0016
    -0.0014
```

プログラム 1-1 で作成したデータとは違って，データが縦方向に伸びていることがわかる。つまり，プログラム 1-1 のように「:」を用いて数列を作成すると行ベクトルになるが，audioread で読み込んだデータは**列ベクトル**になる。

　ある（1 次元）データが行ベクトルか列ベクトルかを確認するには，size 関数が便利である。

```
>> size(y)
ans =
      26000      1
>> size(t)
ans =
          1  8001
```

size 関数は，データのサイズを返却する関数である。help コマンドで確認すればわかるが，一つ目の返り値は列方向の長さ（行数）で，二つ目の返り値は行方向の長さ（列数）となる。

　読み込んだ音に対して，自分で生成した音を重ねたり，振幅変調を掛けられる。振幅変調は，「+」や「.*」を利用し実現できる。

　前述の vibra8.wav のデータに正弦波を足してみる。

```
>> [v,fs]=audioread('vibra8.wav');
```

1.5 読み込んだ音声データの加工 *15*

```
>> t=0:1/fs:1;
>> f=440;
>> a=0.1;
>> ysin=a*sin(2*pi*f*t); ❶
>> vmix=v+ysin
??? エラー ==> plus
行列の次元は一致しなければなりません。
```

❶ で，読み込んだファイルと同じサンプリング周波数 f_s で 440 Hz の正弦波を
1 秒分生成して y_{sin} としている。その正弦波を読み込んだ v に足そうとしたと
ころで，エラーが出てしまう。上述のように，ファイルから読み込んだデータ
と「:」を元に作成したデータでは，ベクトルの方向が違い，サイズ（行列の次
元）が異なるのでエラーが出てしまう。したがって，v と y_{sin} の次元を同じに
なるように調整してやらなければならない。

　ここでは，行ベクトルの y_{sin} を列ベクトルに変換することで，方向を合わせ
てみる。行ベクトルと列ベクトルの相互変換は，行列演算の転置である。転置
を行う関数があれば，簡単に変換できることになる。MATLAB で用意されて
いる関数にどのようなものがあるかを調べるには，lookfor コマンドが便利で
ある。lookfor コマンドは，つぎのように使う。

```
>> lookfor 転置
ctranspose - ' 複素共役転置
transpose - .' 転置
```

この場合は，どちらでも同じ結果になるので，「'」を使ってみる。

```
>> ysin_t=ysin';
>> size(ysin_t)
ans =
        8001    1
>> size(ysin)
ans =
          1 8001
```

転置されて，行ベクトルが列ベクトルになったことがわかる。

1. 簡単な音声処理

そこで，ysin_t を y に足してみる。

```
>> vmix=v+ysin_t
??? エラー ==> plus
行列の次元は一致しなければなりません。
>> size(v)
ans =
       26000     1
>> size(ysin_t)
ans =
        8001     1
```

方向は同じでも，size の結果（行列の次元）が異なると「+」で足すことはできない。ベクトルの長さが異なる場合には，短い方に合わせて長い方の一部を取り出すのが簡単である。そこで，長い v の中ほどの 8 001 個の要素を取り出すことにする（プログラム 1-5）。

―― プログラム 1-5（録音したデータと生成したデータの重ね合わせ）――
```
>> vmix=v(7000:15000)+ysin_t;
>> soundsc(vmix,fs)
```

図 1.6 を見ればわかるように，二つの音声波形が足された音声波形となっている。また，二つの音が重なって鳴っていることが確認できるはずである。

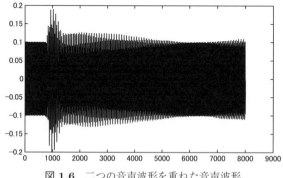

図 1.6　二つの音声波形を重ねた音声波形

MATLABで作成（修正）したデータは，audiowrite関数で，WAVE（.wav）ファイルとして保存できる。

```
>> audiowrite('mixed.wav',vmix,fs);
```

「カレントディレクトリ」のところに mixed.wav という名前の WAVE ファイルができる。このファイルは，通常の WAVE ファイルと同じように使える。なお，audiowrite では，書き込もうとする値が -1 から 1 の範囲外になってしまうと正しく書き込まれないので，正規化する必要がある（章末問題【6】）。

章 末 問 題

【1】 つぎの条件の正弦波を生成し，音を出力して確認せよ。
(1) 262 Hz, 0.5 秒間
(2) 440 Hz, 2 秒間

【2】 サンプリング周波数 16 kHz で 523 Hz の余弦波を 1 秒間生成せよ。また，その音を出力して確認せよ。

【3】 プログラム 1-1 の y についてつぎの問に答えよ。ただし，横軸は時刻となるようにプロットすること。
(1) 最初から 50 ms をプロットせよ。
(2) 最初から 1 周期分をプロットせよ。

【4】 プログラム 1-3 では，二つの周波数の大きさによってはうなりに聞こえなくなることがある。二つの音の周波数をいろいろと変化させて，うなりとして聞こえる場合と二つの音に聞こえる場合には，どのような違いがあるかを調べよ。また，どのようにして調べたかを述べよ。

【5】 式 (1.2) で $f_1 = 438$, $f_2 = 442$ として，式 (1.3) の a_{yy}, f_b, f_a を計算して，プログラム 1-4 を実行せよ。

【6】 MATLAB で作成した音データを再生する場合には，soundsc 関数を使えば正規化される。しかし，作成した音データをファイルに書き込んだりする場合には，正規化しないと意図した音にはならない。そのような正規化するスクリプトを**プログラム 1-6** の空欄を適宜埋めて完成させよ。

18　　1.　簡単な音声処理

―――――――― プログラム **1-6**（音データの正規化）――――――――

```
ymax=_____(y); % y の絶対値の最大値を求める
y=y/(ymax*1.01);
sound(y,fs) % 歪まないことを確認
```

【**7**】　プログラム **1-7** の空欄を埋めて，「ドレミ」というフレーズを生成し，出力するスクリプトを作成せよ。

―――――――― プログラム **1-7**（フレーズの生成）――――――――

```
fs=_____;
t=_____; % 0.75 秒分の時間ベクトル
f_do=_____; % 「ド」に対応する周波数 (Hz)
do=_____; % 「ド」を 0.75 秒間生成
re=_____; % 「レ」を 0.25 秒間生成
pau=_____; % 無音 (0) を 0.25 秒間生成
mi=_____; % 「ミ」を 0.75 秒間生成
y=_____;          % 「ドレ 無音 ミ」を生成
soundsc(y, fs);                 % 出力して確認
```

【**8**】　(1)　Audacity などフリーのソフトウェアなどを使って，なにか適当に 1 秒間しゃべった音声を PC で録音せよ。PCM 16.0 kHz, 16 ビット，モノラルで RIFF 形式（.wav という拡張子が付く形式）で保存すること。Audacity など高機能なソフトウェアでは，このような設定で保存することができる。

　　　(2)　自分で録音した音に，適当な正弦波を重ねてみよ。エラーなく重ねることができたら，プロットして意図通り処理できているかを確認せよ。

　　　(3)　プロットに問題なければ，正規化して `sound` 関数で出力するか，`soundsc` 関数で出力して，どのような音になったか確認せよ。

【**9**】　プログラム 1-5 は v の一部に正弦波を加えているが，`ysin_t` の生成時の t の生成方法を工夫して，v の全体に対して正弦波を加えることを考える。この場合の t を生成する MATLAB プログラムを答えよ。

【**10**】　(1)　自分で録音した音を前後反転させよ。また，その結果をプロットせよ。

　　　(2)　プロットして問題がなければ，出力してどのような音になったか確認せよ。

【**11**】　(1)　自分で録音した音を，適当な正弦波で振幅変調してみよ。また，その結果をプロットせよ。

　　　(2)　プロットして問題がなければ，出力してどのような音になったか確認せよ。

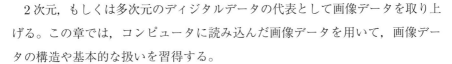

2 簡単な画像処理

2次元，もしくは多次元のディジタルデータの代表として画像データを取り上げる。この章では，コンピュータに読み込んだ画像データを用いて，画像データの構造や基本的な扱いを習得する。

キーワード 座標，画素，RGB，バンド

2.1 画像の構造

〔1〕 **グレイスケール画像** 画像も音と同じように，コンピュータの中では数字の組で表現される。まず，簡単な例として，**グレイスケール画像**（白黒画像）の例を見てみる。

```
>> x=linspace(255,0,12)  ❶
x =
  1 列から 7 列
  255.0000  231.8182  208.6364  185.4545  162.2727  139.0909  115.9091
  8 列から 12 列
   92.7273   69.5455   46.3636   23.1818        0
>> x=uint8(x)  ❷
x =
  1×12 の uint8 行ベクトル
  1 列から 9 列
  255  232  209  185  162  139  116   93   70
  10 列から 12 列
   46   23    0
>> I=reshape(x,[3 4])  ❸
I =
  3×4 の uint8 行列
```

20　　　2. 簡単な画像処理

```
    255 185 116 46
    232 162  93 23
    209 139  70  0
>> imshow(I) ❹
>> imageViewer(I) ❺
```

❶ の linspace は，起点と終点を指定して，その間に指定した個数の等間隔の
点からなる配列（ベクトル）を生成する。ここでは，255 から 0 まで 12 点を
生成している。❷ では，関数 uint8 でこれらの値を **8 ビット符号なし整数**（0
から 255 の範囲の整数）に変換する。❸ の reshape は，配列の形状を変更し
て出力するメソッドである。それを用いて配列を 3 × 4 の行列（2 次元配列）に
整形している。整形した I の値を見ればわかるように，行ベクトルを整形する
場合でも，列方向に順に並ぶように整形される。imshow は画像を表示するツー
ルである。この画像は，12 個の画素から構成される。実際の画素は非常に小さ
いので，ディスプレイ上では，実寸で表示すると見えないくらい小さい（❹）。
しかし，imageViewer を使うと，実際の画素よりはるかに大きく表示される
（❺）。実際には，左上隅の白い部分は画素一つ分であり，その**座標**は (1, 1) で
あり，その下は (1, 2)，右は (2, 1) となる。imageViewer では，マウス位置の
画素の座標とその値がウィンドウ下部に表示される。**図 2.1** は (1, 2) の部分を
表示させたところで，画素の値が 232 と表示されている。この例の画像はグレ
イスケール画像と呼ばれ，画素の値が大きいほどその画素は明るくなり，小さ
いほど暗くなる。

　画像の大きさは，横方向の画素数を幅（width）と呼び，縦方向の画素数を
高さ（height）と呼ぶ。I では，幅が 4 で高さが 3 である。

〔**2**〕**RGB　画　像**　　**RGB** と呼ばれるカラー画像では，画素は赤，緑，
青（red, green, blue, 略して RGB）の三つの値の組（ベクトル）で表現され
る。**プログラム 2-1** で色の指定方法を示す。

2.1 画像の構造

図 2.1　画素の情報表示

プログラム 2-1（さまざまな色の生成）

```
>> bar1=intmax('uint8')*ones(500,100,'uint8');  ❶
>> bar0=zeros(size(bar1));  ❷
>> Col(:,:,1)=repmat([repmat(bar1,1,2) repmat(bar0,1,2)],1,2);  ❸
>> Col(:,:,2)=[repmat(bar1,1,4) repmat(bar0,1,4)];
>> Col(:,:,3)=repmat([bar1 bar0],1,4);
>> imageViewer(Col)
```

左から「白」「黄」「シアン」「緑」「マゼンタ」「赤」「青」「黒」の帯が生成される。MATLABでは，`Col(:,:,1)`のように，三つの添字を持つ配列で3次元配列を表す。この例の場合，*Col*は，500×800の2次元配列三つから構成される。それぞれの配列は，プレーン，**バンド**などと呼ばれる。

MATLABでは，この例のように，配列のインデックスを指定する部分に「:」だけを書いた場合は，すべての要素を指定したことになる。RGB画像では，3次元配列の最初のバンドが赤，つぎが緑，最後が青に対応する。表示された画像の黄の部分にマウスカーソルを合わせると，画素情報として [255 255 0] が表示される。これは，黄が赤と緑を成分として持つことを表す。

❶の`ones`，❷の`zeros`は，すべての要素が0や1の配列を作成する関数であり，行列やベクトルを0や1で初期化するために使われる。配列のサイズ

22   2. 簡 単 な 画 像 処 理

を指定する方法は複数あるので，詳細は help などで調べてほしい。❶ では，
配列の各次元の長さをカンマで区切って並べて指定している。MATLAB では，
第 1 次元は列ベクトルに沿った方向，第 2 次元は行ベクトルに沿った方向とな
る。つまり，ones(p,q) と指定すると，$p \times q$ 行列が生成される。

```
>> zeros(2,1)
ans =
     0
     0
>> ones(2,3)
ans =
     1 1 1
     1 1 1
```

プログラム 2-1 の ❶ の intmax は，整数のクラス名を与えると，その最大値
を返す関数である。ここでは，uint8 なので，関数 ones の値も uint8 のクラ
スになるよう，第 3 引数で指定している。❷ の zeros は，サイズの指定を行
ベクトルで行っている。この指定方法は，既存の配列と同じサイズの配列を作
成するのに便利である。

```
>> K=size(zeros(2,3))
K =
     2 3
>> ones(K)
ans =
     1 1 1
     1 1 1
```

プログラム 2-1 の ❸ の repmat は，行列を繰り返して大きな行列を作成する
関数である。

```
>> x1=[1;2]  ❶
x1 =
     1
     2
>> size(x1)
```

2.2 画像・ビデオの読み込み　23

```
ans =
     2 1
>> repmat(x1,1,2) ❷
ans =
     1 1
     2 2
>> repmat(x1,2,1)
ans =
     1
     2
     1
     2
>> x2=[1 2; 3 4]
x2 =
     1 2
     3 4
>> repmat(x2,1,2) ❸
ans =
     1 2 1 2
     3 4 3 4
```

❶ では配列の指定に「;」を用いている。[] を用いて行列（2 次元配列）を作成
する場合には,「;」で行を区切る。したがって，ここで作成している x1 は 2 行
1 列の行列（列ベクトル）である。repmat は行列を第 1 引数に指定し，その行
列を縦（行方向）に第 2 引数の回数，横（列方向）に第 3 引数の回数だけ繰り
返した行列を作成する。❷ では x1 を行方向に 1 回，列方向に 2 回，つまり列方
向に 2 回繰り返して 2 × 2 の行列を作成している。❸ は行列を並べた例である。

2.2　画像・ビデオの読み込み

〔1〕　画像の読み込み　　MATLAB では，つぎのように imread 関数を用
いて画像を読み込める（プログラム 2-2）。

――――――――――― プログラム 2-2（画像の読み込み）―――――――――――

```
>> I=imread('paprika-966290_640.jpg');
>> imageViewer(I)
```

24　　2. 簡単な画像処理

この画像の大きさは，配列の大きさを調べる size 関数で調べられる。

```
>> size(I)
ans =
   480 640 3
```

size 関数は多次元配列の場合，行方向，列方向，つぎの次元 ··· の順にそれぞれの次元の大きさを並べた配列を返却する。この出力から，高さが 480，幅が 640，バンド数が 3 であることがわかる。

　MATLAB では，画像の一部を切り出す方法はいくつかある。一番簡単なのは，imcrop で画像を表示しながら対話的に切り出す方法である。

```
>> I=imread('paprika-966290_640.jpg');
>> [CI,rect]=imcrop(I); ❶
>> imViewer(CI); ❷
>> rect ❸
>> CI2=imcrop(I,rect); ❹
>> imageViewer(CI2);
>> CI3=I(118:118+262,25:25+214,:); ❺
>> imageViewer(CI3);
>> imwrite(CI,'cropped_red_paprika.png'); ❻
```

関数 imcrop は ❶ のように，画像 I だけを引数に取ると対話的に領域を切り出せる。imcrop を実行すると画像が表示される。画像の上にマウスポインタを合わせると，マウスポインタの形状が十字になる。この状態で切り出したい長方形の左上の位置にポインタを置き，左クリック（Mac の場合はシングルクリック）してドラッグしながら領域を指定する（ここでは，左側のパプリカを指定することを想定している）。領域を指定し終わったら，右クリック（Mac の場合はダブルクリック）すると終了してプロンプトが表示される。❷ で切り出された画像が確認できる。❸ では，切り出した領域の情報を確認している。この

4 要素からなるベクトルは，MATLAB で 2 次元の四角形のサイズと位置を指定するベクトルである．このベクトルは [左上の x 座標　左上の y 座標　四角形の幅　四角形の高さ] を表す．imcrop では，四角形を指定するベクトルでも切り出す領域を指定できる．❹ がその例である．CI₂ は CI と同じ画像になる．ツールを使わずに，音声ファイルと同様に添字の範囲を指定して一部を切り出すこともできる（❺）．❻ では，切り出した画像を imwrite でファイルに保存している．パスを指定しない場合は，MATLAB の「現在のフォルダ」で表示されているフォルダに保存される．

同じサイズの画像であれば，簡単に足し合わせることができる．

```
>> Ired=imread('redpepper.jpg');
>> [h w ~]=size(Ired);
>> I=imread('paprika-966290_640.jpg');
>> imtool(I,'InitialMagnification','fit')
>> x_yellow=391;
>> y_yellow=156;
>> Iyellow=imcrop(I,[x_yellow y_yellow w-1 h-1]); ❶
>> Imixed=uint8(0.5*Ired+0.5*Iyellow); ❷
>> imtool(Imixed,'InitialMagnification','fit')
```

❶ では，大きな画像 I を小さい画像 I_{red} に大きさを合わせて，imcrop で四角形ベクトルを用いて切り出している（図 2.2）．

図 2.2　切り出した画像

26   2. 簡単な画像処理

この方法で切り出すと，指定した幅，高さよりそれぞれ 1 ピクセル大きな画像となるので，I_{red} の幅，高さから 1 ずつ引いて指定している（help コマンドを使い，imcrop のリファレンスページの「説明」を参照のこと）。❷ で混合比 0.5 ずつで足し合わせている。

〔2〕 ビデオファイル　　ビデオファイルも読み込むことができる。ビデオファイルはフレームと呼ばれる画像データが連続して構成される。例えば，テレビであれば，1 秒分が 30 フレームで構成される。

```
>> v=VideoReader('Cars On Highway.mp4') ❶
v =
    一般的なプロパティ:
             Name: 'Cars On Highway.mp4'
             Path: (各自の環境で変わる)
         Duration: 60.0540
      CurrentTime: 0
              Tag: ''
         UserData: []
    ビデオプロパティ:
            Width: 1280
           Height: 720
        FrameRate: 25
     BitsPerPixel: 24
      VideoFormat: 'RGB24'
>> m=zeros(v.Height,v.Width,3,int64(v.FrameRate*v.Duration),'uint8'); ❷
>> k=1;
>> while hasFrame(v) ❸
m(:,:,:,k)=readFrame(v); ❹
k=k+1;
end
>> implay(m,v.FrameRate) ❺
>> imtool(m(:,:,:,1),'InitialMagnification','fit') ❻
>> imtool(m(:,:,:,800),'InitialMagnification','fit')
```

まず，ビデオファイルを読み込むのに必要な **VideoReader** オブジェクトを作成する（❶）。オブジェクトとは，関連したデータや関数をまとめられるような機構である。オブジェクトは関連したデータを**プロパティ**と呼ばれる機構で格納する。例えば，FrameRate というプロパティは 1 秒間当り何フレームな

のかを示している。**オブジェクト**のプロパティは，❷ のようにオブジェクトを表す変数名の後に「.」を付け，その後にプロパティ名を指定することによってアクセスできる。この例では，関数 implay を用いてビデオを再生する（❺）。implay が再生できるビデオ形式はいくつかあるが，この例では，**イメージシーケンス**を用いて再生している。implay の第2引数は，再生する速度を1秒間のフレーム数である**フレームレート**で指定する。RGB 画像のイメージシーケンスは，3次元の RGB 画像が第4次元で時刻順に並べられた高さ×幅×3（バンド数）×イメージ数の4次元配列となる。そのための4次元配列 m を ❷ で初期化している。この例では，関数 readFrame でビデオを読み込む。readFrame は，VideoReader オブジェクトで指定されるビデオファイルから1フレームずつ読み込む関数である（VideoReader オブジェクト自体には，ビデオの内容は含まれないことに注意）。hasFrame はフレームが読み込める間は1を返す関数である（❸）。MATLAB のコマンドウィンドウでは，while や if などブロックをとるキーワードを入力した場合，end でブロックを終了するまでは，プロンプトが表示されない（❹ など）。したがって，プロンプトが表示されなくても入力を継続しなければならない。ビデオのそれぞれのフレームは画像である（❻，図 2.3）。

図 2.3　ビデオ構成画像の表示

〔3〕**画像の差分**　似た画像の異なる点を簡単に調べる方法に画像どうしの差分を計算する方法がある。二つの画像の画素値を I, J とすると，符号なしの場合は

28   2. 簡単な画像処理

$$|I - J| \tag{2.1}$$

を計算すればよい。ただし，uint8 では，減算が通常の（符号あり）整数とは
異なるので注意しないといけない。

```
>> a=uint8(10);
>> b=uint8(16);
>> abs(a-b)
ans =
  uint8
   0
>> abs(b-a)
ans =
  uint8
   6
```

このように uint8 では負の数がすべて 0 となる。したがって

$$|I - J| = (I - J) + (J - I) \tag{2.2}$$

と計算しなければならない。

MATLAB の整数では，上限を超える場合も同様にすべて上限の値となる。

```
>> a=uint8(10);
>> a+250
ans =
  uint8
   255
```

2.3　領　域　の　抽　出

長方形などの形で切り出すのではなく，画像の中から必要な部分（領域）を
抜き出すことを考えてみる。

```
>> C=imread('coins-1466263_640.jpg');
>> G=rgb2gray(C); ❶
```

                                                    2.3 領 域 の 抽 出   29

```
>> imtool(G,'InitialMagnification','fit')
```

画像 C はカラー画像であるが，グレイスケール画像 G に変換している（❶）。
このようなグレイスケール画像の場合，明るさに着目して領域を指定できる場
合がある。背景が暗めなので，マウスを使って画素の値を確認すると，背景部
分は 100 以下の値であると推測できる。

〔1〕　バイナリマスク　　画像を 0 と 1 の二つの値しか持たない画像に変
換することを 2 値化と呼ぶ。2 値化した画像の 0 の画素を抽出したくない画素
とし，その部分を隠すようにして領域を指定するものを**バイナリマスク**と呼ぶ。
MATLAB では，画像と同じ大きさの 2 次元配列を用意し，抽出したい画素を
1，抽出したくない画素を 0 とするバイナリマスクが使いやすい。グレイスケー
ル画像で明るさに基づいて**マスク**を作成し，そのマスクを元のカラー画像に適
用することで，コインの部分を抽出するプログラムを**プログラム 2-3** に示す。

―――― プログラム 2-3 （バイナリマスクによる領域の抽出）――――

```
>> BW=zeros(size(G)); ❶
>> BW(G>100)=1; ❷
>> Gc=G;
>> Gc(BW==0)=0; ❸
>> imtool(Gc,'InitialMagnification','fit')
>> Cc=C;
>> Cc(repmat(BW,1,1,3)==0)=0; ❹
>> imtool(Cc,'InitialMagnification','fit')
```

❶ で対象となる画像と同じサイズの 2 次元配列をすべての要素が 0 になるよう
に作成している。❷ は，MATLAB の「**論理インデクス**」という行列の要素へ
のアクセス方法を利用している。

　論理インデクスについて説明する（**プログラム 2-4**）。

―――――― プログラム 2-4 （論理インデクスの使用例）――――――

```
>> A=1:5
A =
     1 2 3 4 5
>> I=mod(A,2)==1 ❶
```

30 　　2.　簡 単 な 画 像 処 理

```
I =
  1×5 の logical 配列
  1 0 1 0 1
>> A(I) ❷
ans =
    1 3 5
>> A(I)=0 ❸
A =
    0 2 0 4 0
```

MATLAB では，配列に対しなんらかの判断をすると，その判断結果の配列を得られる。❶ では，2 で割った余りが 1 になる，つまり奇数であるかどうかを判断している。その結果，奇数である要素が 1（真，true）であり，残りは 0（偽，false）である配列 I が得られる。❷ のように，この I をインデクスとして用いると，真の部分の値だけを取り出すことができる。また，この記法は，❸ のように式の左辺にも使うことができる。式の左辺に使った場合には，真の要素にだけ代入される。

　つまり，プログラム 2-3 の ❸ では，画像 G をコピーした Gc という画像に対し，バイナリマスク BW の値が 0 である画素に 0 を代入している。これにより，コインの領域でない部分（背景）を黒くしてコインの領域を抽出している。この抽出の判断に用いた値を**しきい値**と呼ぶ。このしきい値では，背景の光っている部分も抽出されている。逆に，コインの模様の影の部分は背景と誤って抽出されていない。また，❹ では repmat を用いて，BW を R，G，B の 3 バンドすべてに対応するように 3 次元配列に拡張している。その 3 次元配列をインデクスとして RGB 画像 C をコピーした Cc という画像に対し，バイナリマスク BW の値が 0 である画素に 0 を代入することで，コインの領域でない部分（背景）を RGB の黒としてコインの領域を抽出している。

　〔**2**〕　**色に関するしきい値を用いた抽出**　　色に関するしきい値による抽出例をプログラム **2-5** に示す。

――――　**プログラム 2-5**（色に関するしきい値を用いた領域の抽出）――――
```
>> I=imread('paprika-966290_640.jpg');
```

2.3 領域の抽出

```
>> imtool(I,'InitialMagnification','fit')
>> BW=zeros(size(I,1),size(I,2));
>> BW(I(:,:,1)>150 & I(:,:,1)<240 & I(:,:,2)>80 & I(:,:,2)<220 ...    ❶
   & I(:,:,3)<40)=1;
>> Ic=I;
>> Ic(repmat(BW,[1 1 3])==0)=0;   ❷
>> imtool(Ic,'InitialMagnification','fit')
```

このプログラムでは，右側の黄色いパプリカを抽出している。❶の「...」は，式が継続していることを示す。ここで改行する場合は入力すること。改行しない場合は入力しなくてよい（ここでは紙面の都合で改行している）。また，この式で抽出する条件を判断している。ここでは，ある画素の値を (r,g,b) としたときに，式 (2.3) を同時に満たした場合は，黄色い画素であると判断している。

$$150 < r < 240, \quad 80 < g < 220, \quad b < 40 \tag{2.3}$$

結果を見ると，パプリカの黄色い領域がおおむねうまく抽出できていることがわかる（図 **2.4**）。

 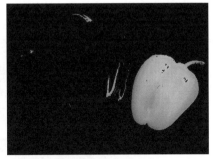

(a) 元 画 像　　　　　　　　(b) 抽 出 結 果

図 **2.4** 抽 出 例

❷ の関数 repmat は，繰り返しの方法をベクトルで指定している。

画素はたくさんあるため，調べるのに手間がかかる。手間を省く方法としては，同じ色の領域を指定して，その領域の画素の値の範囲を調べる方法がある。例えば，**プログラム 2-6** のように黄色いパプリカの部分として I (233:352,

419:553,:) を切り出したとする．この部分の各画素の最大・最小値をしきい値に設定する方法を説明する．MATLABには配列の**最大値**を求める関数 max と**最小値**を求める関数 min がある．

───── プログラム 2-6（各バンドの最大・最小値） ─────
```
>> Y=I(233:352,419:553,:);
>> [h, w, b]=size(Y);
>> max(reshape(Y,h*w,b)) ❶
ans =
  1×3 の uint8 行ベクトル
    241    219    11
>> min(reshape(Y,h*w,b))
ans =
  1×3 の uint8 行ベクトル
    200    139     0
>> max(max(Y)) ❷
  1×1×3 の uint8 配列
ans(:,:,1) =
    241
ans(:,:,2) =
    219
ans(:,:,3) =
    11
```

この結果から，式 (2.4) の条件が求まる．

$$199 < r < 242, \quad 138 < g < 220, \quad b < 12 \tag{2.4}$$

この条件で抽出した結果を図 **2.5** に示す．プログラム 2-5 より余分な領域が抽

図 **2.5**　参照領域から決定したしきい値に基づく抽出例

出されていないことがわかる。

max, min は配列の最大要素，最小要素を返す。配列の次元によって挙動が異なる。

```
>> A=randi(10,[1 5])
A =
     6 10 1 5 2
>> v=max(A)
v =
    10
```

ベクトルの場合は，最大の要素を返す。randi は整数の乱数を生成する関数である。第 1 引数は，乱数の範囲を指定する。第 2 引数は，作成する配列のサイズを指定する。この例の場合は，10 以下の整数の乱数からなる 1×5 行列を生成している（乱数なので，試すたびに値は変わることに注意）。

max は多次元配列にも対応している。2 次元配列の最大値を求めるには，つぎのようにする。

```
>> A=randi(10,[3 4])
A =
    10 9 4  5
     1 9 3 10
     8 1 9  2
>> max(A) ❶
ans =
    10 9 9 10
>> max(max(A)) ❷
ans =
    10
```

❶ の例でわかるように，2 次元配列に対しては，次元を指定しない場合は列ごとの最大値からなる 1 次元配列（ベクトル）を返す。❷ では，その 1 次元配列の最大値，つまり，2 次元配列 A の最大要素が返される。

プログラム 2-6 の ❶ では，関数 reshape を用いて，3 次元配列を各バンドの画素を列ベクトルとする 2 次元配列とすることで，各バンドの最大値を求め

ている。reshape の使い方をつぎに示す。

```
>> A=1:12;
>> B=reshape(A,2,2,3)
B(:,:,1) =
     1  3
     2  4
B(:,:,2) =
     5  7
     6  8
B(:,:,3) =
     9 11
    10 12
>> reshape(B,2*2,3)
ans =
     1  5  9
     2  6 10
     3  7 11
     4  8 12
```

プログラム 2-6 の ❷ では，max(Y) の部分でバンドごとに列の数だけ最大値が求まり，1×元の列の数の行×3 の 3 次元配列となる。さらに max を適用することで，1×1×3 の 3 次元配列としてバンドごとの列の最大値が得られる。

章 末 問 題

【1】 高さ，幅が 100 となる黒い正方形のグレイスケール画像を生成せよ。
【2】 高さ，幅が 100 となる赤い正方形のカラー画像を生成せよ。
【3】 2 色の正方形を交互に配置した模様を市松模様と呼ぶ（図 2.6）。縦，横に五つ

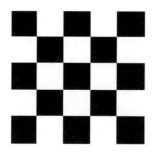

図 2.6 市松模様

ずつの正方形からなる白黒の市松模様をグレイスケール画像として生成せよ。市松模様のサイズは，高さ，幅が 250 となるようにせよ。

【4】 【3】と同じサイズの青と赤の市松模様をカラー画像として生成せよ。

【5】 【3】と同じサイズのシアンとマゼンタの市松模様をカラー画像として生成せよ。

【6】 自分の好みの色の適当な模様を生成せよ。

【7】 適当な画像を混合比 $(0.2, 0.8)$，$(0.5, 0.5)$，$(0.7, 0.3)$ で混合した画像を作成せよ。

【8】 同じフレームレート，同じサイズのビデオ V1，V2 をなめらかにつなぐ方法を考える。サポートサイトで紹介している映像ファイルは同じフレームレート，同じサイズである。これらを映像の 4 次元配列 V1，V2 に読み込んだと仮定する。また，フレームレートを fps とする。

ここでは，V1 の最後の N フレームの画像と V2 の最初の N フレームの画像を徐々に混合比を変化させて混合することでなめらかにつないだムービー構造体配列を VMix とする。プログラム 2-7 を元にこのようなプログラムを作成せよ。

───────── プログラム 2-7 （ビデオの接続） ─────────

```
VMix=V1(:,:,:,1:end-N);
VMix(:,:,:,size(V1,4)+1:size(V1,4)+size(V2,4)-N)=V2(:,:,:,N+1:end);
for k=1:N
  VMix(:,:,:,size(V1,4)-N+k)=uint8(V1(:,:,:,end-N+k)*_____ ...
+V2(_____)*_____);
end
implay(VMix,fps)
```

【9】 人間の顔が写っている適当な画像を探し，肌色の領域を抽出せよ。

【10】 固定カメラで撮影したビデオは，近傍の 2 フレームの差分を用いてバイナリマスクを作成することで，変化する領域（移動する物体）を抽出することができる。ここでは連続するフレームを利用する場合を考える。k 番目のフレームの画像に対するバイナリマスクは，k 番目のフレームの画像と $k-1$ 番目のフレームの画像の差分を用いて推定されるバイナリマスクと，k 番目のフレームの画像と $k+1$ 番目のフレームの画像の差分を用いて推定されるバイナリマスクの画素ごとの論理積で推定できる。

サポートサイトの Cars On Highway.mp4 からフレームごとにバイナリマスクを推定し，そのマスクを用いて抽出した領域からなるビデオを作成せよ。

3 音声のフーリエ変換

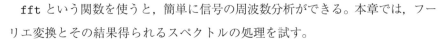

fft という関数を使うと，簡単に信号の周波数分析ができる。本章では，フーリエ変換とその結果得られるスペクトルの処理を試す。

キーワード フーリエ変換，スペクトル，ナイキスト周波数，位相，周波数分解能，スペクトログラム，逆フーリエ変換

3.1 周期現象

人が聞いて印象に残る音は，特定の音色が一定時間以上持続するものが多い。そのような音は，時間的な周期現象である。そのような音の例として，音声の周期的な部分を観察してみる。

```
>> [y,fs]=audioread('a-.wav');
>> plot(y)  ❶
>> r=3451:3600;
>> plot(r,y(r))  ❷
>> a=y(3519:3577);
>> plot(a)
>> s=fft(a);  ❸
>> s(2)
ans =
  -0.4742 - 1.4633i  ❹
>> stem(abs(s))  ❺
```

❶で拡大し，周期的な部分を指定してプロットする（❷）。このプロットで中央部分のピークからつぎのピークの1点前まで，ちょうど1周期分を変数 a に代入する。この**周期信号**を fft で**フーリエ変換**すると**スペクトル**が求まる（❸）。実数の

信号のスペクトルは複素数なので（❹），プロットするために関数 abs で絶対値をとり，離散データ列をプロットする関数 stem でプロットする（❺，図 3.1）。周期信号がどのようなスペクトルになっているか，つまり，周期信号がどのように正弦波に分解することができるかを調べるのが，典型的なフーリエ変換の用途である。

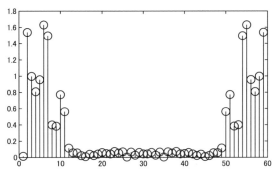

図 **3.1**　周期信号 1 周期分のスペクトル

この例の場合，1 周期分をフーリエ変換しているので，一つ目の要素（図 3.1 は横軸がインデックスなので，1 のところの要素）が直流成分，二つ目の要素が FFT（高速フーリエ変換）の長さで 1 周期になる成分，三つ目の要素が FFT の長さで 2 周期になる成分となる。このように，周期信号は，周波数成分の周波数が 1 周期分の周波数の整数倍となる**倍音構造**を持つ。

3.2　フーリエ変換

本書で扱うディジタル信号に対するフーリエ変換として，**離散フーリエ変換**（discrete Fourier transform）という技術がある。MATLAB では，fft という関数で計算できる。fft の性質を見てみる（**プログラム 3-1**）。

---――――― **プログラム 3-1**（fft を用いたスペクトル解析）―――――
```
>> fs=20;
>> t=0:1/fs:2;
>> y=cos(2*pi*1*t)+1/4*cos(2*pi*2*t+1/6*pi)+1/3*cos(2*pi*8*t-1/4*pi); ❶
```

```
>> plot(y)  ❷
>> fftlen=20;
>> cs=fft(y(1:fftlen));
>> stem(abs(cs))  ❸
```

y の周期は 20 点である（❷ を観察してもわかる）。この例では，❸ で 1 周期分の 20 点の離散フーリエ変換を出力している。

フーリエ変換の結果，スペクトルが得られる。図 3.2 は，その絶対値をとったものであり，**振幅スペクトル**と呼ぶ。FFT を用いて求めた振幅スペクトルは 20 個のデータからなるベクトルであり，グラフの中央（図では，横軸の 11 のところ）を中心に線対称である。

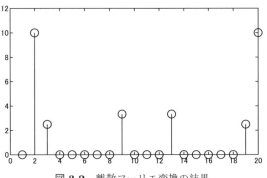

図 3.2　離散フーリエ変換の結果

スペクトルは，信号の周波数成分の大きさを表す。このグラフでは，全部で六つの山が観測される。線対称なので，右半分と左半分の情報は同じで，一般には左半分だけが使われる。左半分には，三つの成分がある。これが y には三つの成分があることを示し，その大きさで成分の強さを，位置で成分の周波数を表す。

ところで，1 章では，コンピュータの中で音は離散的に表されることを述べた。本書では詳しく述べないが，連続的なデータを離散的に表すためには，データの成分はサンプリング周波数の 1/2 未満でなければならない。この上限の周波数のことを**ナイキスト周波数**と呼ぶ。プログラム 3-1 のサンプリング周波数は 20 Hz なので，ナイキスト周波数は 10 Hz となる。

スペクトルの左側では，ナイキスト周波数未満の周波数を表す。つまり，プログラム 3-1 のスペクトルでは，cs[1]〜cs[11] の 10 個の間隔で 10 Hz を表す。つまり，cs[2] は $10/10 \times (2-1) = 1$ Hz を表し，cs[9] は $10/10 \times (9-1) = 8$ Hz を表す。したがって，スペクトル中で値を持つインデクスがわかれば，信号に含まれる成分がわかる。

また，フーリエ変換の点数が変わると，分解できる周波数の細かさが変わることがわかる。分解できる周波数の細かさを**周波数分解能**と呼ぶ。前述の計算方法から，フーリエ変換の点数が多いほど周波数分解能が向上することがわかる。また，FFT の長さは，FFT のアルゴリズムの特性から 2 のべき乗のときに効率がよいので，2 のべき乗が用いられる。

どのインデクスの値が大きいかを調べるには，プロット図を拡大する方法や，値がありそうな部分の周辺だけをプロットしてみる方法などがある。しかし，図から観測するのではなく，プログラミングでも山のある場所を調べることができる。

MATLAB では，論理インデクスを利用すると，配列（ベクトルや行列）の中で条件を満たす要素の値に簡単にアクセスできることをプログラム 2-4 で示した。値を出力するのではなく，条件を満たすインデクスの番号を調べるときには，find という関数を利用する（find の使い方は help で各自調べること）。

プログラム 3-1 の続きでつぎのように find を使うと，大きな値を持つ成分のインデクスがわかる。

```
>> find(abs(cs)>2) ❶
ans =
     2 3 9 13 19 20
>> (find(abs(cs)>2)-1)*fs/fftlen ❷
ans =
     1 2 8 12 18 19
```

つまり，左側半分では 2，3，9 点目に成分があることがわかる（❶）。それぞれのインデクスは，1，2，8 Hz を表す（❷）。それぞれプログラム 3-1 ❶ の cos の周波数に対応していることがわかる。フーリエ変換でわかる信号の成分とは，

40　　3.　音声のフーリエ変換

正弦波の重み付き和に分解したときの成分である。

```
>> abs(cs([2 3 9]))
ans =
   10.0000 2.5000 3.3333
```

このように，cs の大きさはプログラム 3-1 ❶ のそれぞれの cos の係数（1，1/4，1/3）と比例している。

　ところで，cos 関数の一般形は式 (3.1) のように書く。

$$y = A\cos(2\pi f t + \phi) \tag{3.1}$$

この ϕ のことを**位相**と呼ぶ。ϕ が，**複素数平面**（位相平面）での角度（位相角）である。フーリエ変換の結果から周波数成分の位相を求められる。

```
>> cs([2 3 9])
ans =
  10.0000 + 0.0000i 2.1651 + 1.2500i 2.3570 - 2.3570i
>> angle(cs([2 3 9])) ❶
ans =
   0.0000 0.5236 -0.7854
>> angle(cs([2 3 9]))/pi
ans =
   0.0000 0.1667 -0.2500
>> rats(angle(cs([2 3 9]))/pi) ❷
ans =
   ' 0 1/6 -1/4 '
```

angle は位相角を求める関数である（❶）。返り値の単位はラジアンである。❷の関数 rats は数値を有理数に近似する。この値はプログラム 3-1 ❶ のそれぞれの位相と一致していることがわかる。

3.3　窓　　関　　数

　離散フーリエ変換では，フーリエ変換する範囲を有限としているが，その範

囲の外側では，範囲の中と同じ変化が繰り返されていると仮定している。つまり，プログラム 3-1 の場合，y[1]～y[20] の範囲での値が，y[21] から先でも繰り返されると仮定している。実際，y の値は，y[i] と y[i+20] は同じ値となるので問題ない。

```
>> y([1 21])
ans =
    1.4522 1.4522
>> y([2 22])
ans =
    1.0006 1.0006
```

プログラム 3-1 の場合は，fft の分析点数が周期と一致していたため問題なかった。

信号に含まれている成分の周期があらかじめわかっているのであれば，FFT の点数は，周期に合わせた点数にすればよい。しかし FFT は，信号にどのような成分が含まれているかわからないときに，それを知りたくて用いることが多い。したがって一般には，ちょうどよい点数で FFT を掛けることは不可能に近い。FFT の点数が周期に合わない場合には問題が生じる。

```
>> fs2=200;
>> t2=0:1/fs2:1;
>> y2=1/4*sin(2*pi*40*t2+1/6*pi)+1/3*sin(2*pi*60*t2-1/4*pi);
>> fftlen3=100;
>> cs3=abs(fft(y2,fftlen3)); ❶
>> f3=((1:fftlen3/2+1)-1)/fftlen3*fs2;
>> stem(f3,cs3(1:fftlen3/2+1))
>> fftlen4=102;
>> cs4=abs(fft(y2,fftlen4));
>> f4=((1:fftlen4/2+1)-1)/fftlen4*fs2;
>> stem(f4,cs4(1:fftlen4/2+1)) ❷
```

y_2 は 100 点も周期の一つなので，100 点（fftlen3）の FFT で求めた cs3 は，y_2 の成分を正しく示している（❶）。しかし，FFT の分析長が 102 点の場合，フーリエ変換する範囲の外側での周期性が崩れる。そのため，y_2 の成分以

3. 音声のフーリエ変換

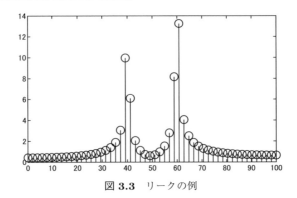

図 3.3 リークの例

外の周辺の値も 0 より大きくなってしまっている（❷，図 3.3）。このような現象を**リーク**（leak，漏れ）と呼ぶ。

図のように，リークがあると，実際に含まれている成分が真の値より小さく推定される一方で，実際には含まれていない成分が少し含まれるという分析結果になる。

この問題に対処するため，実際の信号を FFT で分析するときには，**窓関数**を利用することが多い。窓関数を使うことで，fft を掛ける信号の両端の変位（値）をなるべく 0 に近い値にし，擬似的に周期性を担保する。

窓関数の例として，**ハン窓**（**ハニング窓**）を見てみる。

```
>> hwin4=hann(fftlen4);
>> plot(hwin4)
```

ハン窓を生成する関数 hann の引数は，窓の長さを指定する。プロットを見ればわかるように，中央部分は 1 で裾に向かってゆるやかに 0 になるように変化する。信号に窓関数を掛けてみる。

信号に窓関数を掛けるというのは，窓関数で振幅変調を行うことである。

```
>> size(hwin4)  ❶
ans =
   102 1
```

3.3 窓関数

```
>> y2win=y2(1:fftlen4)'.*hwin4;  ❷
>> plot(y2win)
```

MATLABの窓関数は列ベクトルとして値を返す（❶）。この窓関数を波形に掛けたもの（❷）は，図 3.4 のようになる。

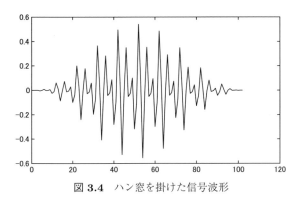

図 3.4 ハン窓を掛けた信号波形

窓関数を用いることで，リークが減ることを確認する（プログラム 3-2）。

―――― プログラム 3-2（ハン窓の効果）――――

```
>> hcs4=abs(fft(y2win));
>> stem(f4,cs4(1:fftlen4/2+1),':','filled');
>> hold on
>> stem(f4,hcs4(1:fftlen4/2+1));  ❶
>> hold off
```

hold は，すでに表示しているグラフに重ねてプロットするモードに変更する命令である。on とすると重ねてプロットするようになり，off とすると新たなプロットを行う。❶ を実行した後には，図 3.5 のようなグラフが表示される。白抜きの丸印のグラフが，ハン窓を掛けた場合のスペクトルである。

このグラフを見ると，白抜きの丸印の方がリークが軽減されていることがわかる。その一方で，成分の大きさが小さくなることがわかる。

3. 音声のフーリエ変換

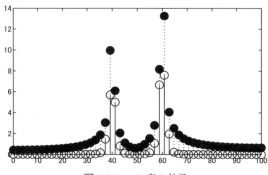

図 3.5　ハン窓の効果

3.4　実データのスペクトル解析

窓関数を用いて，実際の音声データを FFT でスペクトル解析する例を示す。

```
>> [y,fs]=audioread('onigiri.wav');
>> soundsc(y,fs) ❶
>> fs ❷
fs =
        8000
>> plot(y) ❸
```

まず，音声を聞いてみる（❶）。また，サンプリング周波数を確認する（❷）。つぎに音声波形をプロット（❸）する（図 3.6）。

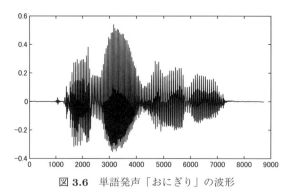

図 3.6　単語発声「おにぎり」の波形

この単語音声は四つの音節(「お」「に」「ぎ」「り」)を含む。図の音声波形で四つの塊が観察できる。例えば,「に」の /i/ の部分を分析するとしよう。「に」は2番目の音節なので,3 000 点 から 4 000 点のあたりではないかと推定できる。したがって,そのあたりを拡大してみる。

```
>> r=2000:3600;
>> plot(r,y(r))  ❹
>> soundsc(y(3001:end),fs)  ❺
```

❹で,つぎのような波形がプロットされる(図 3.7)。

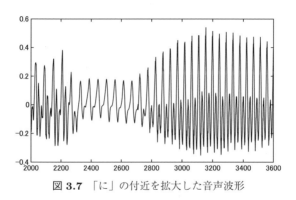

図 3.7 「に」の付近を拡大した音声波形

図では,2 200 点以前,2 200 点から 2 700 点の間,2 700 点以降と 3 種類の周期パターンが観測できる。これが,「おにぎり」の「に」あたりだとすると,それぞれの区間は音韻/o/, /n/, /i/に対応すると推定できる。音声は,音韻間で遷移する部分があるため,十分に余裕を見て,3 001 点目から後の部分を再生してみる(❺)。すると,「いぎり」と聞こえることから,3 001 点あたりは/i/であることが確認できる。

```
>> nfft=256;  ❻
>> seg=y(3000+(1:nfft)).*hann(nfft);  ❼
>> plot(seg)
>> sp=abs(fft(seg));
>> f=linspace(0,fs/2,nfft/2+1);
```

```
>> spr=sp(1:nfft/2+1);
>> plot(f,spr)  ❺
>> plot(f,log(spr))  ❻
```

音声の分析には，音声と聴覚の特徴から，10 ms から 30 ms 前後の分析長が用いられることが多い。また，前述したように FFT 長としては，2のべき乗が用いられることが多いので，それらを踏まえて，適当に FFT 長を決める（256 は 32 ms に相当，❻）。/i/ にあたる場所から FFT 長の分だけ切り出しハン窓を掛ける（❼）。

振幅スペクトルをプロットする（❺）と図 3.8 のようになる。点数が多いと stem では見にくいため plot を用いている。

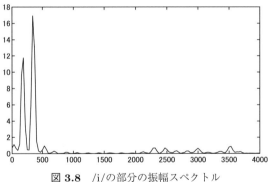

図 3.8　/i/の部分の振幅スペクトル

音声データの場合，人間の聴覚の特徴を踏まえてスペクトルの対数をとることの方が多い。対数をとったものをプロットする（❻）と図 3.9 のようになる。

高いピークがおおむね等間隔で並んでいることから，倍音構造があることが確認できる。また，グラフの右上の吹き出しアイコンの「データヒント」ツールを用いると，一つ目の高いピークの周波数が 187.5 Hz であることがわかる。そこから，この区間での基本周波数（声の高さ）はそのあたりの高さだと推測できる。

最初のピークを求めるのに便利な関数が，局所的な最大値を求める islocalmax である。

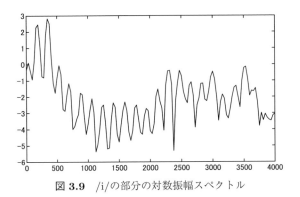

図 **3.9** /i/の部分の対数振幅スペクトル

```
>> [ispeak,prom]=islocalmax(spr,'MinProminence',10);
>> idx=find(ispeak)
idx =
     7
    12
>> f(idx(1))
ans =
  187.5000
```

islocalmax は，相対的なピークを検出する関数なので，相対性に関する条件を指定できる．ここで，ピークの相対的な高さを指定する MinProminence という条件を指定している．図 3.8 より，10 程度の高さを指定すれば，最初の二つのピークを検出できそうなので，そのように指定している．islocalmax は，第 1 引数の系列（ここでは，spr）の各要素がピークであるかどうかを 1，0 の 2 値で一つ目の返り値に返却する（ここでは，ispeak）．find 関数で ispeak が 1（真）となっているインデクスを調べると，最初のインデクスは 7 であり，対応する周波数は 187.5 Hz であることがわかる．

3.5　スペクトログラム

　フーリエ変換では，対象となる信号は周期的であると仮定している．したがって，対象の信号の周期性や性質によって FFT の長さを適切に選ばなければな

らない。例えば、120 BPM（1分間に4分音符が120回演奏される速さ）のメロディの4分音符の音色を分析したい場合であれば、その音符の間ずっとまったく同じ性質であったとしても $60 \div 120 = 0.5\,\mathrm{s}$ なので、500 ms 以下の長さで分析しなければならない。

不適切な長さで分析してしまうと、意図しない結果が得られてしまう。

```
>> [y,fs]=audioread('domiso.wav');
>> plot(abs(fft(y)))
```

このグラフの成分のあるあたりを拡大すると、図 **3.10** のようになる。

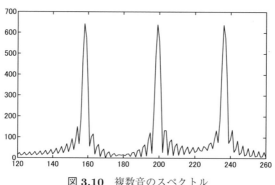

図 **3.10** 複数音のスペクトル

domiso.wav は、それぞれ正弦波からなる「ド」「ミ」「ソ」の三つの音が連結されたフレーズである。それらの全体でフーリエ変換してしまうと、三つの成分を持つ音のようなスペクトルになってしまう。

また、FFT がつねに分析対象となる区間と適当に重なるとは限らない。例えば、上記の domiso.wav に対し、「ミ」の音の部分を観察しようとして、波形から範囲を指定した例を示す。

```
>> plot(abs(fft(y(1301:1812).*hann(512))))
```

このグラフの成分のあるあたりを拡大すると、二つの成分が観察できるだろう。
また、実際の音声データ、例えば、「おにぎり」という単語の発声データで

は,「お」「に」「ぎ」「り」というそれぞれの音は,長さは違うし,どこからどこまでがどの音なのかもあまりはっきりしない。

このような対象に対しては,少しずつずらしながら分析することが一般的である。

長いデータを少しずつの区間に分割して処理するとき,この区間のことを**フレーム**などと呼ぶ。MATLABには,1次元のデータを固定長（同じ長さ）のフレームに分割し,窓関数を掛けてFFT処理して全フレームのスペクトルをまとめて解析する関数が用意されている。spectrogramである。

```
>> [y,fs]=audioread('domiso.wav');
>> S=spectrogram(y,hann(256),128,256); ❶
>> size(S)
ans =
   129 36
```

❶のspectrogramの第1引数は分析対象の音声データ,第2引数は窓関数,第3引数はずらすときに重ねるデータ点数,第4引数はFFTの長さである。この結果得られたSは,129行36列の行列となっている。

この1列目は,yの最初の256点にハン窓を掛けてFFTした結果得られたスペクトルが含まれている。ただし,この結果では,列ベクトルの長さは129となっている。これは,フレームごとのFFTの結果の後半が,前半から計算できる（3.6節参照,3.2節では絶対値をとったものに関して,前半と後半が線対称になると述べたが,複素数としては,対応する点が共役複素数となる）からである。

spectrogramを用いて,フレーム処理して求めたスペクトルの様子を可視化することもできる。

```
>> spectrogram(y,hann(256),128,256,fs,'yaxis')
```

第4引数までは上の例と同じである。第5引数はサンプリング周波数,第6引数は横軸を時間にすることを指定している（図**3.11**）。

50   3. 音声のフーリエ変換

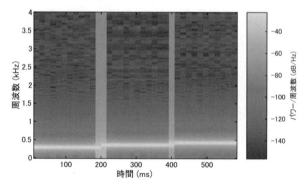

図 3.11 「ドミソ」のスペクトログラム

右の部分はカラーバーと呼び，周波数成分の強さを示す．明るい部分（カラーでは黄色）が強い周波数成分を表す．このような可視化の方法およびその図を**スペクトログラム**と呼ぶ．スペクトログラムでは，周波数成分の時間変化が見られる．

同じデータに対し，ずらし幅はそのままで FFT の長さを増やしてみる．

```
>> figure(2)
>> spectrogram(y,hann(512),128,512,fs,'yaxis')
```

figure は，図を出力するウィンドウを指定する関数である．そのウィンドウが存在しない場合は，新たに作成する．なにも指定せず plot や spectrogram を用いる場合は，現在の Figure を指定するのと同じである．figure 関数を利用して明示的に Figure の番号を指定することで，同時に複数の図を表示できる．

新しく作成したスペクトログラムの方が，音の接続部分のにじみの幅が広くなっている．しかし，周波数方向の幅は細くなっている．つまり，FFT の長さが長いと周波数解像度は高くなるが，**時間解像度**は低くなることがわかる．

3.6 逆フーリエ変換

フーリエ変換は**時間領域**の信号を**周波数領域**に変換する．その逆に，周波数

3.6 逆フーリエ変換

領域の信号を時間領域に変換するのが**逆フーリエ変換**である．MATLABではfftの逆は，ifftである．

スペクトログラムの結果得られたフレームごとのスペクトルは，省略されている部分を追加（復元）することによって，ifftで時間波形を復元できる．

```
>> [y,fs]=audioread('onigiri.wav');
>> nfft=256;
>> nshift=128;
>> S=spectrogram(y,hann(nfft),nfft-nshift,nfft);
>> y25=y((25-1)*nshift+(1:nfft)).*hann(nfft); ❶
>> SL=S(:,25);
>> SR=flipud(conj(SL(2:end-1))); ❷
>> S25=[SL;SR];
>> plot(ifft(S25)) ❸
>> hold on
>> plot([0; y25]) ❹
>> hold off
```

この例では，フレーム長は256，**フレームシフト**（ずらし幅）は128である．❶で音声波形から第25フレームにあたる部分を取り出し，ハン窓を掛けている．スペクトルの右側と左側は中央を中心に**複素共役**となっている．spectrogramで求めたスペクトル S はスペクトルの左側である．❷では，列ベクトルであるスペクトルの左側から直流成分などを除き，関数 conj で複素共役をとったうえで，関数 flipud で上下を反転させることで右側の値を計算している．❸でプロットされるグラフは図 **3.12** のようになる．

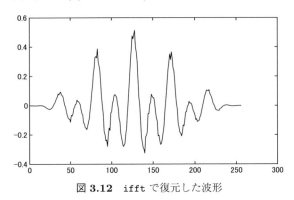

図 **3.12**　ifftで復元した波形

52　　3. 音声のフーリエ変換

窓関数を掛けた信号が復元されていることがわかる。❹ ではハン窓を掛けた
元の音声波形を右に 1 点ずらして赤い線でプロットしている。元の波形が復元
されていることがわかる。

　フレームをずらし幅を意識しながら足し合わせると（完全に同一にはならな
いが）時間波形を復元できる（**プログラム 3-3**）。

プログラム 3-3（フレーム表現の複素スペクトルからの時間波形の復元）

```
>> [y,fs]=audioread('onigiri.wav');
>> nfft=256;
>> nshift=128;
>> S=spectrogram(y,hann(nfft),nfft-nshift,nfft);
>> [ylen, xlen]=size(S);
>> ry=zeros(nshift*(xlen-1)+(ylen*2-2),1); ❶
>> for sidx=1:xlen
SL=S(:,sidx);
SR=flipud(conj(SL(2:end-1)));
ryidx=nshift*(sidx-1)+(1:ylen*2-2);
ry(ryidx)=ry(ryidx)+ifft([SL;SR]);
end
>> plot(ry)
>> soundsc(ry,fs)
>> soundsc(y,fs)
```

❶ の ry は，復元される時間波形を格納するベクトルをあらかじめ作成してい
る。正しく実行できれば，ほとんど同じ音が再生できる。

章 末 問 題

【1】 代表的な周期関数の一つである**矩形波** $x(t)$ は，つぎの式で定義される。

$$x(t) = \mathrm{sign}(\sin(t)) \tag{3.2}$$

ただし，sign は符号関数と呼ばれる関数である。MATLAB では，sign とい
う名称で用意されている。

　式 (3.2) を利用して，440 Hz の矩形波を 1 秒間生成せよ。さらに，その信号
のスペクトルを横軸を周波数〔Hz〕としてプロットし，どのような成分を持つ
か説明せよ。

章　末　問　題　53

【2】　代表的な周期関数の一つである**ノコギリ波** $x(t)$ は，つぎの式で定義される。

$$x(t) = t - \text{floor}(t) \tag{3.3}$$

ただし，floor は**床関数**と呼ばれる関数である。MATLAB では，floor とい
う名称で用意されている。

　　式 (3.3) を元に，$-1 \leq x(t) \leq 1$ となるように修正した関数を利用して，
440 Hz のノコギリ波を 1 秒間生成せよ。さらに，その信号のスペクトルを横
軸を周波数〔Hz〕としてプロットし，どのような成分を持つか説明せよ。

【3】　(1)　周期性がありそうな音を録音し，その音を MATLAB に取り込め。取り
　　　　　込んだらプロットして波形を観察せよ。周期性がありそうなところを周期
　　　　　性が確認できるような範囲でプロットせよ（横軸の単位は時間になるよう
　　　　　に工夫せよ）。

　　　(2)　そこから周期を読み取り，基本周波数を推定せよ。

　　　(3)　また，その部分のスペクトルを求めてプロットし，スペクトルから基本周
　　　　　波数を推定せよ。

【4】　振幅スペクトルの対数をとったものを対数振幅スペクトルと呼ぶ。対数振幅ス
ペクトルのピークの位置だけから基本周波数を推定しようとすると，周波数解
像度の制約から十分に正確な値が求まらない。

　　その問題を解消するために，対数振幅スペクトルのピークの間隔から基本周
波数を求めるスクリプトを**プログラム 3-4** の空欄を適宜埋めて完成させよ。

プログラム 3-4（スペクトルのピークの間隔を用いた基本周波数の推定）

```
[____,fs]=audioread('a-.wav');
plot(y)
fftsize=_____; ❶
sp=___(____(fft(y(2000+(1:_____)).*hann(____)))); ❷
plot(_____,sp(_____)) ❸
loc=find(islocalmax(sp,'MinProminence',____)); ❹
nharm=10; ❺
mean(diff(loc(1:nharm)-1))*_____ ❻
```

ただし，❶ では，周波数分解能が 10 Hz 前後になるような 2 のべき乗の点数
を選べ（nextpow2 が便利である）。❷ では，2 001 点目から切り出して対数振
幅スペクトルを求める。❺ の nharm の値で，どれだけのピークを用いるかを
指定する。ここでは，第 10 倍音まで利用してその**平均**をとる（❻ の mean は
平均を計算する関数，diff は差分を求める関数である）ことで，基本周波数
を精度よく推定する。

❸ で表示されるグラフは図 3.13 の通り。正しく実行されると，例えば，ans = 135.4167 と出力される。プログラムが完成したら，このスクリプトで，基本周波数が 440 Hz ののこぎり波を処理し，結果について考察せよ。

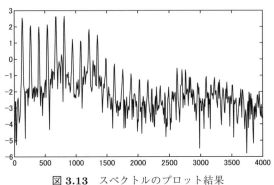

図 3.13 スペクトルのプロット結果

【5】 プログラム 3-2 の窓関数を別の窓関数に変えて，ハン窓の場合と比較して考察せよ。

【6】 (1) 一つの母音を録音し，適当な正弦波で振幅変調せよ。
(2) その音の周期的な部分のスペクトルを求めてプロットせよ。
(3) 振幅変調する前のスペクトルと比較して考察せよ。

【7】 適当な音声（単語か文を発声したもの），もしくは楽器音（音楽でも構わないが，その場合は単独の楽器のみが使われているようなものがよい）のスペクトログラムを 2 種類以上の FFT の長さで表示し（ただし，ずらし幅は一定とする），比較して，FFT の長さと表示されるスペクトルの関係について考察せよ（FFT の長さは，極端に長いものも試してみる方が考察しやすいだろう）。

【8】 domiso.wav のスペクトログラム（図 3.11）で，図を縦貫している二つの縦線の部分についてつぎの問に答えよ。サポートサイトにある音声ファイルをじっくり聞いて，その部分がどのように聞こえるか答えよ。また，この部分に対応する時間波形データの部分を拡大して，どのようになっているか示せ。

【9】 プログラム 3-3 の ry は，なぜ y と長さが異なるのか（ヒント：spectrogram のリファレンスページなどの説明をよく読むこと）考察せよ。

【10】 プログラム 3-3 の ❶ 以降で用いる変数 nshift の値を変えると，元の音声の高さを変化させずにスピードを変えることができる。いくつかの値を試して，結果を考察せよ。

4 フィルタ（音声）

　本書で取り上げる技術の多くは，信号処理と呼ばれる技術である。信号処理の中でも最もよく使われる技術の一つがフィルタである。この章では，音声データに対するフィルタを解説する。

キーワード 　線形システム，入力，出力，遅延，フィルタ，雑音，畳み込み，インパルス，インパルス応答，周波数特性，漸化式，FIR，IIR

4.1　線形フィルタ

4.1.1　線形システム

　ディジタル信号処理の分野では，なんらかの**入力**信号を**出力**信号に変換するものを**システム**と呼ぶ。

　これまでに紹介した処理で，例えば，x_1 という波と x_2 という波を足し合わせて y_1 という波を作成する，という場合は，システムは「二つの入力を**加算**する」という変換を行う（x_1，x_2 が入力で，y_1 が出力）。この関係は式 (4.1) のように書く。

$$y_1 = x_1 + x_2 \tag{4.1}$$

この入力信号，出力信号は，ディジタル信号処理ではディジタルデータ（離散データ）である。そのことを反映する場合には，式 (4.2) のように書くのが普通である。

$$y_1[n] = x_1[n] + x_2[n] \tag{4.2}$$

56   4. フィルタ（音声）

n はデータのインデクスを表す。音声データの場合は，時刻と同じようなもの
だが，$[n]$ のように，n や $[\ ]$ を用いる場合は整数であることを意味することが
多い。

別の例として，入力信号 x_3 を a 倍して y_2 を作成するという場合は，式 (4.3)
のように書ける。

$$y_2[n] = ax_3[n] \tag{4.3}$$

システムの入力が x_i であり，出力が y_i であるとする。このとき，入出力の
関係が式 (4.4) のように x_i，y_i に関する**一次式**で表されるとする。

$$a_1y_1 + a_2y_2 = b_1x_1 + b_2x_2 \tag{4.4}$$

このように一次式で表されるシステムを**線形（線型）システム**と呼ぶ。

4.1.2 遅 延 演 算

線形システムの基本的な演算として，信号を**定数倍**する演算や，加算する演
算を紹介してきた。もう一つの基本的な演算として，**遅延**がある。遅延は，入
力を単位時間の定数倍だけ遅らせる演算である（離散データにおいては，単位
時間とは**サンプリング周期**のことであり，インデクスを 1 変化させることに対
応する）。

遅延を式でどのように表すかを考えてみる。1 単位時間遅らせて出力する場
合は，インデクス n の入力がインデクス $n+1$ の出力となる。入力信号を x，
出力信号を y で表すと，式 (4.5) のようになる。

$$y[n+1] = x[n] \tag{4.5}$$

遅らせるだけだとあまり意味はないが，遅らせた信号を元の信号に足し合わ
せると，さまざまな効果を得られる。**プログラム 4-1** は遅延演算をフィルタに
用いる例である。

4.1 線形フィルタ

―― プログラム 4-1（遅延演算を用いたフィルタリング）――

```
>> fs=8000;
>> t=0:1/fs:1-1/fs;
>> s=sin(2*pi*800*t)+sin(2*pi*500*t); ❶
>> soundsc(s,fs)
>> r=1:100;
>> subplot(3,1,1); plot(s(r)); ❷
>> sd=circshift(s,-5); ❸
>> subplot(3,1,2); plot(sd(r));
>> soundsc(sd,fs)
>> ss=s+sd;
>> subplot(3,1,3); plot(ss(r));
>> soundsc(ss,fs)
```

まず，二つの周波数成分を持つ信号を作成する（❶）。その信号を circshift を用いて長さを変えずに遅らせる（❸，詳しくは help などを用いて調べよ）。❷ などの subplot は複数のプロットを並べて描画する関数である。この関数の引数はプロットのレイアウトを決める（詳しい使い方は help subplot で調べよ）。

図 4.1 を見ればわかるように，この例では，5点遅らせて足し合わせることで，二つの成分を含んでいた信号 s が正弦波のようになった。つまり，遅延信号を足すことによって，片方の成分が打ち消し合って除去された。

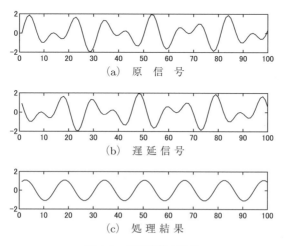

図 4.1　遅延演算の効果

58   4. フィルタ（音声）

このように遅延演算と加算，定数倍演算をうまく組み合わせると，ある成分の除去や強調ができる。一般にはある成分を除去することが多いため，このような処理を（ディジタル）**フィルタ**と呼ぶ。

4.1.3 移動平均フィルタ

画像処理や株価の計算など非常にさまざまな分野で利用されるフィルタに**移動平均フィルタ**と呼ばれるものがある。

入力の連続する 3 点の平均を出力とするフィルタを考える。式で表すと式 (4.6) のようになる。

$$y[n] = \frac{x[n] + x[n-1] + x[n-2]}{3} \tag{4.6}$$

このフィルタの効果を音を対象に調べてみる。

まず，雑音を作る（**プログラム 4-2**）。

─────── プログラム **4-2**（白色雑音の生成）───────

```
>> fs=8000;
>> t=0:1/fs:1;
>> r=randn(size(t));  ❶
>> r=0.8*r/(max(abs(r)));  ❷
>> n=1:100;
>> plot(t(n),r(n))
>> sound(r,fs)
```

ここでは，**白色雑音（ホワイトノイズ）**と呼ばれる雑音を 1 秒間生成している。信号処理では，雑音とは，ランダムな（周期性のない）信号である。この例では，正規分布に従った**乱数列**によって白色雑音を生成する。具体的には，❶ で randn 関数を用いて**標準正規分布**に従った乱数を生成している（どのようなベクトルを生成するかは，help などを用いて調べよ）。その乱数を $(-0.8, 0.8)$ の範囲におさまるようにする（❷）。

プログラム 4-3 のように，この雑音 r を少しだけ正弦波に加えると，雑音混じりの音が生成できる。

4.1 線形フィルタ 59

―― プログラム 4-3 (雑音混じりの正弦波の生成) ――

```
>> s=0.8*sin(2*pi*440*t);
>> sn=s+0.25*r;
>> n=1:100;
>> plot(t(n),sn(n),t(n),s(n))  ❶
>> sound(sn,fs)
```

❶ では, 信号 s_n と信号 s を重ねてプロットしている. 信号 s_n は, 信号 s が少し歪んだものであることがわかる.

この雑音混じりの正弦波を 3 点移動平均フィルタに掛けてみる. そうするためには, 雑音混じりの信号 s_n をフィルタの入力にすればよい. **プログラム 4-4** は, for ループを使ってフィルタを掛けている.

―― プログラム 4-4 (for ループを用いた 3 点移動平均フィルタ) ――

```
>> pn=3;
>> for k=pn:length(t)
y(k)=mean(sn(k+((1:pn)-pn)));
end
>> plot(t(n),sn(n),t(n),y(n),t(n),0.8*s(n))
>> sound(y,fs)
>> sound(s,fs)
>> sound(sn,fs)
```

信号 y を聞くと, 信号 s_n よりは雑音が軽減されていることがわかるだろう. このプログラムでは, 4 行目でシステムの入力信号 s_n の現時点 k に対し, $k-(p_n-1), k-(p_n-2), \cdots, k$ の点 p_n のデータを平均した値をシステムの出力 y としている. つまり, 信号 s や信号 s_n から見ると, 信号 y は少し遅れたものになっている.

式 (4.6) を書き直すと, 式 (4.7) のようになる.

$$y[n] = \frac{1}{3}x[n] + \frac{1}{3}x[n-1] + \frac{1}{3}x[n-2] \tag{4.7}$$

この式は, 遅延演算と定数倍と加算だけで構成されていることがわかる. 遅延演算は入力を遅らせるだけなので, いくつ遅らせるかがわかれば十分である.

60   4. フィルタ（音声）

そこで，上記の演算を [1/3 1/3 1/3] と遅延の位置に定数倍の係数を置いたベクトルで表すことがある。この係数ベクトルを利用して簡単にフィルタを掛ける演算が用意されている。その演算が**畳み込み**（コンボリューション）である。MATLAB では conv 関数で計算できる。畳み込みを用いてフィルタを掛けるのが**プログラム 4-5** である。

―――― **プログラム 4-5**（畳み込みを用いたフィルタリング）――――

```
>> h=ones(1,3)/3;
>> y2=conv(h, sn);
>> plot(t(n),y2(n),t(n),y(n))
```

畳み込み演算を式で書くときには，「*」という記号を使って，h * sn のように書くことがある。

畳み込みはつぎのような計算である。

```
>> x=1:3
x =
     1   2   3
>> b=4:6
b =
     4   5   6
>> conv(b,x)
ans =
     4  13  28  27  18
```

つぎのように片側の系列を一つずつずらしながら掛け合わせ，それらを足し合わせている。

$$
\begin{array}{ccccc}
1 \times 4 & 2 \times 4 & 3 \times 4 & & \\
& 1 \times 5 & 2 \times 5 & 3 \times 5 & \\
+ & & 1 \times 6 & 2 \times 6 & 3 \times 6 \\
\hline
4 & 13 & 28 & 27 & 18
\end{array}
$$

4.2　インパルス応答

インパルス応答を用いて，システムの効果を確認する方法がある。応答とは，システムの入力に対して得られる反応（出力）のことである。インパルス応答とは，入力をインパルスとしたときの出力である。

式 (4.8) は単位インパルスを表す。

$$x[n] = \begin{cases} 1 & (n = 0) \\ 0 & (n > 0) \end{cases} \tag{4.8}$$

このように 1 点だけ値がある信号をインパルスという。

1024 点の長さを持つインパルスは，MATLAB ではつぎのように作る。

```
>> x([1 1024]) = [1 0];
```

3 点の移動平均フィルタのインパルス応答は，つぎのように求められる。

```
>> h=ones(1,3)/3;
>> h_imp=conv(h,x)
>> stem(h_imp)
```

インパルス応答のスペクトルのことをフィルタの周波数応答と呼ぶ（周波数特性ともいう）。

3 点の移動平均フィルタの周波数応答を 1024 点の FFT で計算すると，図4.2 のようになる。横軸はナイキスト周波数が 1 となるように正規化した周波数である。一般に正規化周波数はサンプリング周波数を 1 として正規化するが，MATLAB では，フィルタ関連の関数でナイキスト周波数を 1 として正規化した値で周波数を指定するので注意が必要である（章末問題【7】でこの図を作成する）。このフィルタは低域は比較的変化がなく，正規化周波数 0.67 の周辺が弱くなる，つまり，高域を弱くするような効果があることがわかる。

4. フィルタ（音声）

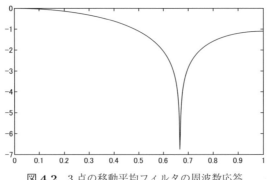

図 **4.2** 3点の移動平均フィルタの周波数応答

時間領域の畳み込みは，周波数領域では系列の対応する要素どうしの乗算となる。つまり，x のスペクトルを $X[1,2,\cdots]$，s_n のスペクトルを $S_n[1,2,\cdots]$ とすると，$x * s_n$ のスペクトルは $X \cdot S_n = [X[1] \cdot S_n[1], X[2] \cdot S_n[2], \cdots]$ となる。**プログラム 4-6** のスペクトルをプロットすると図 **4.3**，図 **4.4** のようになる（ただし，雑音は生成するたびに値が変化するので，まったく同じにはならない）。

──────── プログラム **4-6**（周波数領域でのフィルタリング）────────

```
>> S_imp=fft(h_imp,1024);
>> wn=randn(1,1024);
>> wn=0.8*wn/(max(abs(wn)));
>> WN=fft(wn);
>> WN_filtered=WN.*S_imp;
```

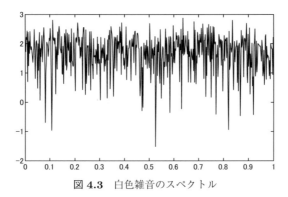

図 **4.3** 白色雑音のスペクトル

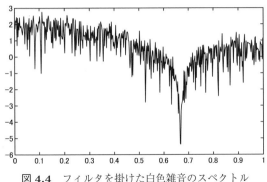

図 4.4　フィルタを掛けた白色雑音のスペクトル

フィルタのスペクトルの形状に合わせて雑音のスペクトルの概形が変化しているのがわかる。この処理は，5行目の「.*」で実現している（詳しくは5.3節参照のこと）。

4.3　IIR フィルタ

システムでは，出力をもう一度入力として利用することで，効率よい処理を行えることがある。

$$y[n] = -0.5y[n-5] + x[n] \tag{4.9}$$

という式を考える。この式は

$$y[n] = -0.5x[n-5] + x[n] \tag{4.10}$$

と形は似ているが，得られる出力は全然違う。このことはインパルス応答を調べることで明らかになる。

例えば，つぎの式で表される10点の単位インパルスに対し，式(4.9)と式(4.10)のインパルス応答を計算してみるとよい。

64   4. フィルタ（音声）

$$x[n] = \begin{cases} 1 & (n = 0) \\ 0 & (1 \leq n \leq 10) \end{cases} \tag{4.11}$$

インパルス応答は，**漸化式**に従って出力の値を計算すれば求まる。例えば，式 (4.11) を式 (4.9) に当てはめるとつぎのようになる。

$$y[0] = -0.5y[-5] + x[0] = -0.5 \cdot 0 + 1 = 1$$
$$y[1] = -0.5y[-4] + x[1] = -0.5 \cdot 0 + 0 = 0$$
$$\vdots$$

式 (4.9) のように，出力を入力に用いることを**フィードバック**と呼ぶ。フィードバックがあるとインパルス応答は無限に続くため，このようなタイプのフィルタは **IIR** (infinite impulse response) フィルタと呼ばれる。一方で，4.1 節で取り上げたようなフィードバックがないフィルタのインパルス応答は有限なので，**FIR** (finite impulse response) フィルタと呼ばれる。

IIR フィルタの係数は フィードバックを考慮しないといけないため，FIR フィルタの係数とは同様には表現できない。そこで，入力に関する項は右辺，出力に関する項は左辺にまとめる。例えば，式 (4.9) はつぎのように変形する。

$$y[n] + 0.5y[n-5] = x[n] \tag{4.12}$$

この両辺の係数を別々のベクトルとして表す。この場合は，左辺の係数は [1 0 0 0 0 0.5] であり，右辺は [1] である。左辺は出力の係数（MATLAB のドキュメントでは，ベクトル a を用いて示されることが多い）であり，右辺は入力の係数 (b) である。この二つのベクトルを用いると，filter 関数でフィルタを入力に適用できる。

```
>> a=[1 0 0 0 0 0.5];
>> b=1;
>> ir_iir=filter(b,a,x);
```

IIR フィルタのインパルス応答は無限であるが，filter 関数では，入力信

号と同じ長さだけ出力する。

FIR フィルタの場合にも，`filter` 関数を使える。FIR フィルタの場合は，漸化式の左辺は必ず $y[n] = \cdots$ と表現できるので，$a = 1$ とするのが普通である。FIR の場合も `filter` 関数は入力信号と同じ長さだけ出力するので，`conv` 関数を用いたときより短くなる。例えば，4.1.3 項と同じ入力，フィルタの場合，つぎのようになる。

```
>> x=1:3;
>> b=4:6;
>> filter(b,1,x)
ans =
     4 13 28
```

このように，`conv` 関数を用いたときの出力の最初の部分だけが出力される。

4.4　フィルタ設計のツール

フィルタ係数をうまく設定することで，さまざまな効果を得ることができる。フィルタは，その効果により分類されている。最もよく用いられるフィルタとして，ある周波数の範囲（**帯域**と呼ぶ）を通さない効果を持つものがある。MATLAB では，典型的なフィルタについては，求める効果から係数列を計算する関数が用意されている。

例えば，ある周波数（カットオフ周波数）より高い周波数を通さないフィルタは **LPF** （**ローパスフィルタ**）と呼ばれる。サンプリング周波数が $8\,\mathrm{kHz}$ の信号に対し，$2\,\mathrm{kHz}$ 以上の成分を通さない LPF のフィルタ係数は，`fir1` という関数を用いてつぎのように計算できる。

```
>> h_lp2k=fir1(40,0.5);
>> stem(h_lp2k)
```

`fir1` の第 1 引数にはフィルタ係数の次数（点数），第 2 引数にはカットオフ

周波数を正規化周波数で指定する。出力された係数は，かなり複雑であること
がわかる。このフィルタをプログラム 4-3 の s_n に掛けるには，つぎのように
filter 関数を使えばよい。

```
>> snf=filter(h_lp2k,1,sn);
```

LPF は IIR フィルタでも設計できる。

```
>> [b,a]=butter(10,0.5);
```

IIR フィルタは FIR フィルタよりさらに設計するのが複雑なので，アナログ
フィルタの時代からさまざまな設計手法が用いられている。それらの設計手法
は，ディジタルフィルタを設計するのにも用いられる。butter 関数は，それ
らの設計手法の一つであるバタワースフィルタを設計する関数である。引数は
fir1 と同様である。

章 末 問 題

【 1 】 プログラム 4-1 をプログラム 4-1 とは別の成分を除去するように改変せよ。

【 2 】 プログラム 4-2 の r はどのような周波数成分を持つか。スペクトルもしくはス
ペクトログラムをプロットして確認せよ。

【 3 】 conv($[1\ 2\ 1], y$) が $[1\ 3\ 5\ 5\ 2]$ となる y を求めよ。

【 4 】 (1) さまざまな長さの移動平均フィルタを作成せよ。

(2) それらの移動平均フィルタを用いて，プログラム 4-3 で作成した s_n に適
用せよ。

(3) 適用した結果を sound 関数で聴取したり，スペクトルやスペクトログラ
ムで観察し，移動平均フィルタの長さを長くすることで，どのような効果
が得られるかを考察せよ。

【 5 】 移動平均フィルタは，音声以外の信号でも有用である。tokyo_2015_2018.csv
は 2015 年 1 月 1 日から 2018 年 12 月 31 日までの東京都千代田区大手町の日
平均気温を格納したファイルである。つぎのようにすると，日付を横軸として
プロットできる。

```
>> dtemp=readmatrix('tokyo_2015_2018.csv');  ❶
>> t=datetime(2015,1,1)+caldays((1:length(dtemp))-1);  ❷
>> plot(t,dtemp)
```

❶ の csvread は CSV 形式のテキストデータを読み込む関数である。❷ では，datetime と caldays で 2015 年 1 月 1 日からデータの最終日までの日付のベクトルを作成している。このプロットでは，季節による気温変化を観察しようと思っても，天候による日ごとの気温変動が大きく，観察しにくい。

そこで，移動平均フィルタを用いて**平滑化**する。天候による影響があまりなくなるように適当な移動平均フィルタを設計し，適用した結果，図 4.5 となった。移動平均フィルタの長さを推定し，適用した結果をプロットせよ。

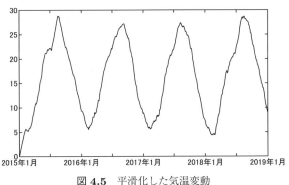

図 4.5　平滑化した気温変動

【6】 1000 点のインパルスのスペクトルを求め，どのような特徴があるか述べよ。

【7】 3 点の移動平均フィルタの周波数応答をプロットせよ。さらに，5 点の移動平均フィルタの周波数応答をプロットし，比較して効果の違いについて考察せよ。

【8】 16 kHz のサンプリング周波数の音に対するフィルタとして，つぎのようなフィルタを考える。

$$y[n] = -0.5y[n-1000] + x[n] \tag{4.13}$$

(1) このフィルタを MATLAB で作成し，インパルス応答を計算せよ。

(2) 適当な音声に掛けて，どのような効果が得られるかを確認せよ。

(3) なぜ，そのような効果が得られるかを考察せよ（ヒント：考察には，式 (4.13) の 1000 の値をいろいろと変化させたり，その項の係数 0.5 の値を変化させるとよい）。

68   4. フィルタ（音声）

【 9 】 プログラム 4-3 で作成した s_n の正弦波の成分を残すような LPF を設計せよ。また，その LPF を s_n に掛けて，効果を確認せよ。

【10】 `fir1` を用いると簡単に HPF（ハイパスフィルタ）を設計できる。適当な HPF を設計し，その効果を示す MATLAB スクリプトを作成せよ。また，適当な音に掛け，効果を示せ。

【11】 IIR フィルタでは，FIR フィルタでは実現が難しいノッチフィルタ (notch filter) の設計も可能である。ノッチフィルタとはどのようなフィルタかを調べ，`iirnotch` を用いて，サポートサイトにある voice_cleaner.wav の掃除機の雑音成分を除去し，より音声が聞こえやすくなるようにせよ。

5 画像の周波数領域処理

周波数という概念は画像にも導入できる。この章では2次元フーリエ変換を用いて、画像の周波数の処理を説明する。

キーワード フーリエ変換，2次元フーリエ変換，空間周波数，2次元周波数，空間スペクトル，LPF，HPF，周波数領域，エッジ

5.1 空間周波数

図 5.1 を用いて，画像の周波数について考えてみる。

```
>> C=imread('building-1081868_640.jpg');
>> G=rgb2gray(C);  ❶
>> imtool(G)
>> plot(G(251,:))  ❷
>> plot(log(abs(fft(G(251,:)))))  ❸
```

図 5.1 グレイスケール画像

5. 画像の周波数領域処理

rgb2gray は，RGB 画像をグレイスケール画像に変換する関数である（❶）。

この画像の $y = 251$ の横方向の画素値の変化を縦軸を画素値，横軸を x 座標としてプロットすると，図 5.2 のようになる（❷）。

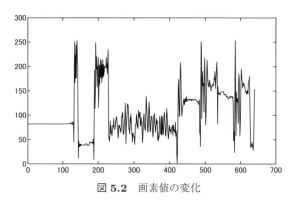

図 5.2 画素値の変化

このグラフを見ると，空の部分（x が 1〜100 あたり）は，値の変化がほとんどない。建物の壁の表面の細かい模様は値が変化している（x が 190〜410 あたりで，明るい部分と暗い部分がある）。また，領域のへり（**エッジ**と呼ぶ）の部分では，画素値が急激に大きく変化する（例えば x が 141 や 187 のあたり）。この信号の**空間周波数スペクトル**は図 5.3 のようになる（❸）。

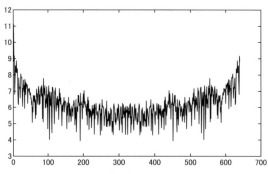

図 5.3 画像の横方向の 1 次元空間周波数スペクトル

このグラフの横軸は周波数である。時間の変化ではなく，空間的な変化なので，**空間周波数**と呼ぶ。今回の場合，画像の横幅が 640 点なので，周期が 640

点の場合，1 となる。このスペクトルでは，**直流成分**（インデクス 1 の値）が一番大きくなっている。ここで処理した画素値は正の値しかとらないため，信号の平均値（平均的な明るさ）が直流成分となる。低い空間周波数は，建物の形に関係し，高い空間周波数は，建物の模様やエッジに関係する。このような側面から見ると，画像もフーリエ変換を用いてさまざまに処理できる。

5.2　2次元フーリエ変換

　画像は 2 次元の信号なので，空間周波数は 2 次元となる。図 5.4 の画像の 2 次元の空間周波数は，**プログラム 5-1** のように計算する。

図 5.4　垂直空間周波数を持つ画像

―――― プログラム 5-1（2 次元のスペクトル）――――
```
>> fs=64;
>> y=(0:1/fs:1-1/fs)';  ❶
>> G=repmat(uint8(100*(sin(2*pi*5*y)+1)),1,fs);  ❷
>> imtool(G,'InitialMagnification','fit')
>> subplot(3,1,1); plot(y,G(:,1))
>> subplot(3,1,2); stem(abs(fft(G(:,1))))  ❸
>> S=fft(G);  ❹
>> subplot(3,1,3); stem(abs(S(:,1)))  ❺
>> S2=fft(S,fs,2);  ❻
>> figure; stem3(abs(S2))
```

❶ では，「:」を用いて列ベクトルを生成している。ただし，「:」で作成されるのは行ベクトルなので，「'」を用いて転置している。❷ で，その列ベクトルに基づいて，周波数 5，振幅 1 の正弦波に 1 を足した信号を生成している。この信号の最大値は 2 で最小値は 0 である。さらに，この信号を 100 倍することで，最大値は 200 となる列ベクトルを生成している。列ベクトルを列方向に繰り返して並べて，64 × 64 の 2 次元配列である画像 G（図 5.4）を生成する。つま

72   5. 画像の周波数領域処理

り，この画像は，すべての列は同じ内容となる 2 次元配列であり，正弦波の周期に合わせて明るさが変化する。❸ は，列方向の画素による正弦波のスペクトルを表示しており，この範囲全体で 5 周期となる成分が確認できる（全体を 1 秒と考えれば 5 Hz の位置に対応する）。この正弦波の周期は $64/5 = 12.8$ 画素である。❹ では，2 次元配列に対して FFT を計算している。MATLAB のドキュメントにあるように，MATLAB の `fft` 関数は，多次元配列に適用するとサイズが 1 でない最初の次元を処理対象のベクトルとして扱う。つまり，最初の次元，2 次元配列の列方向にフーリエ変換を行い，それを列方向に繰り返すことを意味する。2 次元配列を列方向に見た場合の正弦波をフーリエ変換した結果が，S の列ベクトルとして保存されている（❺ で，そのスペクトルの第 1 列を表示している）。

❻ では，`fft` の第 3 引数を 2 と指定して，スペクトル S に対して FFT を計算している。これは 2 番目の次元，つまり 2 次元配列の行方向にフーリエ変換を行い，それを列方向に繰り返すことを意味する。この画像の場合は，最初の列方向のフーリエ変換がすべての列で同一となるため，行方向には値が一定となり，直流成分しか存在しない。このように，（1 次元）FFT をまず縦に行い，つぎに横に FFT を行うことで 2 次元のスペクトルを求める処理を **2 次元フーリエ変換** と呼ぶ。

MATLAB では，2 次元フーリエ変換は `fft2` を用いて計算する。

```
>> Z2=fft2(G);
>> figure; stem3(abs(Z2))
>> figure; stem3(abs(fftshift(Z2)))  ❶
```

プログラム 5-1 では，音声信号のときと同様に直流成分が端に位置するようにプロットした。しかし，画像の場合は，通常，直流成分が中央にくるようにプロットする。直流成分が中央になるように位置をずらすためには，`fftshift` を用いる（❶）。

ただし，中央といっても，この場合はサイズが偶数なので注意を要する。

5.2 2次元フーリエ変換

```
>> Z2shift=fftshift(Z2);
>> stem(abs(Z2shift(:,33)))
```

このグラフからもわかるように，Z2shift(33,33) が中心である。この要素は，この画像全体の（2次元の）直流成分を表す。

2次元スペクトルのグラフは3次元になるので，スペクトログラムと同様な可視化が用いられる。

```
>> C=imread('building-1081868_640.jpg');
>> G=rgb2gray(C);
>> mesh(log(abs(fftshift(fft2(G))))); view(0,90)
```

mesh は3次元のグラフをプロットする関数である。view は3次元プロットの視点を指定する関数で，この場合は，方位角 $0°$，垂直方向の仰角 $90°$，つまり，スペクトログラムと同様に3次元のグラフを上から y 軸を縦軸，x 軸を横軸にして見るように指定している。デフォルトのカラーバーはスペクトログラムと同様に，強い部分は明るく，弱い部分は暗くして表現している。強い（明るい）成分の中で目立つのは，中心を通る3本の直線である。この成分は，ビルの3方向のエッジに対応している（図 **5.5**）。

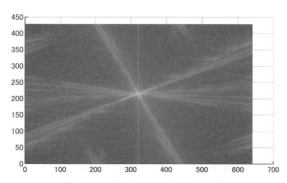

図 **5.5** 2次元スペクトルの可視化

74　　5. 画像の周波数領域処理

5.3　周波数領域でのフィルタ処理

　時間領域のフィルタ処理は，周波数領域では掛け算となる。したがって，LPF などを周波数領域の掛け算として実現できる。音声の周波数領域の LPF の例をプログラム **5-2** に示す。

────────── プログラム **5-2**（周波数領域の 1 次元 LPF）──────────

```
>> fs=8000;
>> t=0:1/fs:1;
>> y=sin(2*pi*440*t)+sin(2*pi*660*t);
>> nfft=256;
>> nshift=128;
>> S=spectrogram(y,hann(nfft),nfft-nshift,nfft);
>> [ylen,xlen]=size(S);
>> cutoff=500;
>> cind=floor(cutoff/(fs/nfft));
>> F=ones(ylen,1);
>> F(cind:end)=0; ❶
>> S=S.*F; ❷
>> ry=zeros(nshift*(xlen-1)+(ylen*2-2),1);
>> S=[S;flipud(conj(S(2:end-1,:)))];
>> for sidx=1:xlen
ryidx=nshift*(sidx-1)+(1:ylen*2-2);
ry(ryidx)=ry(ryidx)+ifft(S(:,sidx));
end
>> plot(ry)
>> soundsc(ry,fs)
>> soundsc(y,fs)
```

　このプログラムの構造はプログラム 3-3 と同じである。そのうえで，このプログラムでは，cutoff で指定された遮断周波数以下の成分を残す LPF を掛けている。F が周波数領域のフィルタ係数で，そのまま通す周波数成分に対しては 1 を設定し，通さない成分に対しては 0 を設定（❶）して，目指す LPF を設計している。そのフィルタ係数を要素ごとの乗算「.*」で適用している（❷）。

　画像データに対するフィルタも同様に実現できる。グレイスケール画像に対する HPF の例を示す（プログラム **5-3**）。

5.3 周波数領域でのフィルタ処理   75

―――――― プログラム 5-3 （画像の HPF 処理）――――――

```
>> C=imread('building-1081868_640.jpg');
>> G=rgb2gray(C);
>> [h,w]=size(G);
>> Z=fftshift(fft2(G));
>> wlen=20;
>> rad=[h w]/2;
>> [mx,my]=meshgrid(-rad(2):rad(2)-1,-rad(1):rad(1)-1); ❶
>> F=ones(h,w);
>> F(sqrt(mx.^2+my.^2)<=wlen)=0; ❷
>> fG=uint8(ifft2(fftshift(Z.*F)));
>> imageViewer(fG); ❸
>> imageViewer(fG*4); ❹
```

ifft2 は **2 次元逆フーリエ変換**関数である。F の中央部（低周波数部分）の中心から距離が wlen 画素以内の円形の領域を 0 とし，外側の部分を 1 とすることで HPF を設計している（❶）。フィルタを掛けた結果と元の画像を比較すると，どの部分が高周波成分かわかる（❸，❹ は ❸ を明るくしたもの）。

❷ の meshgrid は，2 次元座標上の点の座標を作成するための関数である。

```
>> [x,y]=meshgrid(1:3,1:3)
x =
     1 2 3
     1 2 3
     1 2 3
y =
     1 1 1
     2 2 2
     3 3 3
```

このように，meshgrid の出力は，x は水平方向（x 軸方向）に値が増え，y は垂直方向（y 軸方向）に値が増える。この性質を利用すると，2 次元座標を使った計算が簡単にできる。

```
>> [x,y]=meshgrid(1:200,1:200);
>> mesh(x.^2+y.^2); view(0,90); axis equal
```

76   5. 画像の周波数領域処理

axis 関数は，表示しているプロットの座標軸の範囲や縦横比を設定する関数である。equal は座標の縦横比が等しくなるモードを設定するキーワードである。この図をよく見ると，$(x, y) = (1, 1)$ の点からの距離に従って色が（円弧状に）変化していることがわかる。

meshgrid を利用すると，プログラム 5-1 で作成した画像も repmat を使わずに作成できる。

```
>> fs=64;
>> [x,y]=meshgrid((1:fs)/fs,(1:fs)/fs);
>> G=uint8(100*(sin(2*pi*5*(0*x+1*y))+1));
>> imageViewer(G)
```

● **特定の周波数成分の除去**　　空間周波数の処理で特定の空間周波数成分を取り除くこともできる。例えば，周期性のノイズが混入している画像を考える。画像では縞状のノイズに見えるが，このようなノイズは，スペクトル上では特定の位置に出現する。したがって，その部分を弱めるようなフィルタリングを行えば除去できる。人工的に周期性のノイズを付加して，そのノイズを空間周波数領域でのフィルタリングで除去するプログラムを**プログラム 5-4** に示す（ここで使われる stripe は，章末問題【7】で作成するものである）。

──────── **プログラム 5-4**（周期性ノイズの除去）────────

```
>> C=imread('cyclist-394274_640.jpg');
>> G=rgb2gray(C);
>> [h,w]=size(G);
>> sG=double(stripe)+double(G);    ❶
>> sG=uint8(sG/max(max(sG))*255);
>> imageViewer(sG)
>> z=fftshift(fft2(sG));
>> mesh(log(abs(z)))    ❷
>> A=ones(h,w);
>> A(214,361)=0; A(214,281)=0;    ❸
>> imageViewer(uint8(abs(ifft2(fftshift(z.*A)))))    ❹
```

hp は，プログラム 5-1 を参考に 16 画素を周期とする水平周波数を持ち，サイ

ズが画像 G と同じになる画像である．正弦波の振幅は 16 である．この模様を元画像に加えて周期性ノイズを模擬している（❶）．正しく生成できれば図 5.6 のような画像となる．

図 5.6　周期性ノイズを付加した画像

このようなノイズが含まれている画像のスペクトルでは，対応する周波数成分にピークが現われる．❷ のスペクトルを x 軸方向から見ると，ピークがゼロ周波数 $(321, 214)$ から 16 画素に対応する周波数分だけ離れた $(281, 214)$ と $(361, 214)$ に観察できる（図 5.7）．

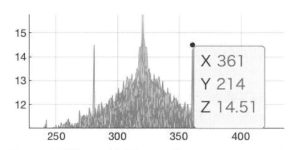

図 5.7　周期性ノイズを付加した画像のスペクトルの中心部

そこで，❸ でフィルタ A のそれらの周波数成分を 0 とし，適用している．結果を見ると，ノイズがある程度軽減されていることがわかる（❹）．

5.4　周波数領域での画像の拡大

周波数領域では，ほかにもいろいろな処理が可能である．プログラム 5-5 で

78   5. 画像の周波数領域処理

は，画像を 2 倍の寸法に拡大する処理を紹介する。

───────── プログラム 5-5 （画像の拡大）─────────

```
>> z=fftshift(fft2(G));
>> tS=zeros(2*h,2*w); ❶
>> tcenter=size(tS)/2+1;
>> tS(tcenter(1)+(-floor(h/2):floor(h/2)),tcenter(2)+(-w/2:w/2-1))=z; ❷
>> tG=uint8(ifft2(fftshift(tS))); ❸
>> imageViewer(tG) ❹
>> imageViewer(4*tG) ❺
```

❶ で元の 2 倍のサイズの 2 次元配列 tS を用意し，すべての要素を 0 で初期化
している。❷ でこの tS の中央部（つまり低周波部）に元の画像のスペクトル
を代入している。❸ では tS を逆フーリエ変換でグレイスケール画像に戻して
いる。❹ の表示でわかるように，このように作成すると画像は暗くなる。そこ
で，❺ では 4 倍することで，明るさを元に戻している。imageViewer のウィ
ンドウの右下に表示される画像のサイズで拡大されたことが確認できる。

　このプログラムと同様の処理で，音声ファイルも（1 次元で）2 倍に拡大する
ことができる（章末問題【12】）。

章 末 問 題

【1】 プログラム 5-1 の画像 G を転置して縦縞の画像を作成し，2 次元フーリエ変
　　　換せよ。また，結果のどの部分がなにを表しているかを説明せよ。

【2】 プログラム 5-3 の wlen を 2 種類の別の値に変更して実行せよ。また，それら
　　　の結果を比較して，画像の 2 次元周波数に関して考察せよ。

【3】 (1) プログラム 5-3 を参考に画像の LPF のプログラムを作成せよ。
　　　(2) そのうえで，2 枚以上の画像を探し，その画像に対して，いくつかのパラ
　　　　　メータで実行せよ。
　　　(3) それらの結果から，2 次元周波数の分布について考察せよ。

【4】 プログラム 5-2 の y の高い方の成分が残るような HPF を周波数領域で実装
　　　せよ。

【5】 3 種類の正弦波を加えた音を作成せよ。そのうえで，真ん中の高さの正弦波だ
　　　けを取り除くフィルタ（BPF）を周波数領域で実装せよ。

章 末 問 題   79

【6】 画像の BPF のプログラムを作成し，BPF の効果を説明するのに適している
画像を探して実行せよ。

【7】 プログラム 5-4 に使われる周期的な模様 stripe を，プログラム 5-1 を参考に
作成せよ。ただし，サイズは，cyclist-394274_640.jpg と同じで，正弦波は 16
画素を周期とする水平周波数を持ち，100 倍ではなく 16 倍して作成せよ。

【8】 サポートサイトにある画像 stripe.png の周期性ノイズを除去せよ。

【9】 適当なグレイスケール画像を元の画像より暗くせよ。

【10】 プログラム 5-5 の ❷ をプログラム 5-6 で置き換える。このプログラムは何倍
に拡大されるか。プログラムの結果をプログラム 5-5 の結果と比較して考察
せよ。

―――― プログラム 5-6（変更部分）――――

```
>> ocenter=size(G)/2+1;
>> hrange=-floor(h/4):floor(h/4);
>> wrange=-w/4:w/4-1;
>> tS(tcenter(1)+hrange,tcenter(2)+wrange)=...
    z(ceil(ocenter(1))+hrange,ocenter(2)+wrange);
```

ceil はその値を超える最小の整数を返す関数である。

【11】 プログラム 5-5 を元の 4 倍に拡大されるように変更し，プログラム 5-5 とは異
なる画像を拡大してみよ。

【12】 プログラム 5-5 を参考に，音声を周波数領域で 2 倍に拡大するプログラムを作
成せよ。また，このプログラムの効果を説明するのに適当な音を選んで，この
プログラムがどのような処理を行っているかを説明せよ。

【13】 プログラム 5-5 を元より縮小されるように変更し，なるべく大きな画像を縮小
してみよ。

6 画像の空間領域処理

フーリエ変換と同じように，畳み込み演算に対しても 2 次元の演算が定義される。2 次元の畳み込みを用いて，2 次元のデータである画像データに対するフィルタについて説明する。

キーワード 2次元畳み込み，移動平均，雑音除去，微分，エッジ，非線形，メディアン

6.1 2次元畳み込み

MATLAB には，**2 次元畳み込み**演算 conv2 が用意されている。ここでは，$\begin{bmatrix} 1 & 2 \\ 3 & 4 \end{bmatrix}$ と $\begin{bmatrix} 5 & 6 \\ 7 & 8 \end{bmatrix}$ を畳み込んでいる。

```
>> conv2([1 2; 3 4],[5 6; 7 8])
ans =
     5  16  12    ❶
    22  60  40    ❷
    21  52  32    ❸
```

この計算結果の ❶ は対象の 2 次元配列の 1 行目の，❸ は 3 行目の 1 次元畳み込み演算の結果（❹, ❺）である。

```
>> conv([1 2],[5 6])    ❹
ans =
     5  16  12
```

6.1 2次元畳み込み　　*81*

```
>> conv([3 4],[7 8]) ❺
ans =
    21 52 32
```

❷ は第1引数 $\begin{bmatrix} 1 & 2 \\ 3 & 4 \end{bmatrix}$ の1行目と第2引数 $\begin{bmatrix} 5 & 6 \\ 7 & 8 \end{bmatrix}$ の2行目を畳み込んだものと，第1引数の2行目と第2引数の1行目を畳み込んだものの和となっている。

```
>> conv([1 2],[7 8])+conv([3 4],[5 6])
ans =
    22 60 40
```

このように2次元畳み込みは，行方向にも列方向にもずらしながら対応をとって演算を行う。

MATLAB では，画像にフィルタを直接掛けるための関数 filter2 が用意されている。filter2 は，内部で conv2 を呼び出してフィルタ処理を行う関数である（プログラム 6-1）。

――――――― プログラム 6-1 （移動平均フィルタによる画像処理）―――――――

```
T=uint8(180*ones(64));
T(:,[1:2 30:33 end-1:end])=50;
T=bitand(T,T'); ❶
G=repmat(T,4,4);
imageViewer(G) ❷
fI3=uint8(filter2(ones(3,1)/3,double(G)));
imageViewer(fI3) ❸
fI5=uint8(filter2(ones(5,1)/5,double(G)));
imageViewer(fI5) ❹
```

このプログラムは，式 (4.6) を画像ファイルに掛けたものである。❶ の bitand は，ビット単位で**論理積**（AND）を返す関数である。

```
>> bitand(7,4)
ans =
```

```
        4
>> bitand(7,8)
ans =
        0
>> bitand([1 2 3],[2 2 2])
ans =
     0 2 2
```

例えば，7と4の場合は，7を2進数で表すと111となり，4は100となるため，桁ごとに論理積をとると，100すなわち4となる。配列の場合は，対応する要素ごとにビット単位で論理積をとった結果の配列が返される。

プログラム 6-1 で，❷ の元画像と ❸，❹ のフィルタを掛けられた画像をよく見比べると，横線の部分がぼけていることがわかる。つまり，垂直方向にぼけているといえる。拡大したものを図 6.1 に示す。

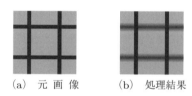

(a) 元 画 像　　(b) 処理結果

図 6.1　移動平均フィルタ処理した画像（拡大）

この例では，フィルタは列ベクトルとなっている。フィルタが行ベクトルであれば，横方向にぼけることは想像できるだろう。したがって，これらを両方適用すれば，縦にも横にもぼけた画像を作ることができる。フィルタ係数も画像も数値の列であるので，列ベクトルのフィルタに行ベクトルのフィルタを適用すると，2次元のフィルタが得られる。

```
>> conv2(ones(3,1)/3,ones(1,3)/3)
ans =
    0.1111  0.1111  0.1111
    0.1111  0.1111  0.1111
    0.1111  0.1111  0.1111
```

以下のように，この係数を利用する。

```
>> fI=uint8(filter2(ones(3)/9,double(G)));
```

また，`fspecial`を使うとフィルタのサイズを与えるだけで，このフィルタと同じフィルタ係数を求められる。`fspecial`はさまざまなフィルタ係数を求められる。移動平均フィルタの係数を求める場合は，第1引数で`'average'`と指定し，第2引数でフィルタのサイズを指定する。

```
>> fspecial('average',3)
ans =
    0.1111  0.1111  0.1111
    0.1111  0.1111  0.1111
    0.1111  0.1111  0.1111
```

2次元のフィルタ係数も1次元のフィルタ係数と同様に，フーリエ変換で周波数応答を求められる。

```
>> mesh(abs(fftshift(fft2(ones(3)/9,64,64))))
```

図 **6.2** を見ればわかるように，高い周波数成分が弱められるので，移動平均フィルタを使うとある程度ノイズを軽減できる（**プログラム 6-2**）。

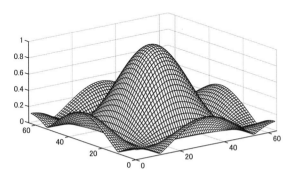

図 **6.2** 2次元の移動平均の周波数応答

84   6. 画像の空間領域処理

───── プログラム 6-2（移動平均による雑音除去）─────
```
>> N=poissrnd(0.01,size(G)).*randn(size(G))*80;
>> NG=double(G)-N;
>> imtool(uint8(NG),'InitialMagnification','fit')
>> imtool(uint8(filter2(ones(3)/9,NG)),'InitialMagnification','fit')
```

poissrnd は，ポワソン分布に従う乱数を生成する関数である。ここでは，小さいパラメータ (0.01) を与えることで，全画素の 1% 程度で乱数が生じるようにしている。結果を図 **6.3** に示す。ゴミがぼやけているので雑音は軽減されたが，元の成分（格子）もぼやけてしまっている。

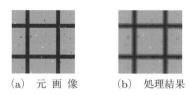

(a) 元 画 像   (b) 処 理 結 果

図 **6.3** 移動平均による雑音の軽減結果（拡大）

6.2 微 分 演 算

離散的な信号から**微分係数**を計算する方法を考える。図 **6.4** は $y = \sin t$ の $t = \pi/2 \sim 1.57$ の付近を拡大した図である。

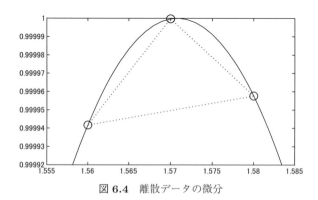

図 **6.4** 離散データの微分

$dy/dt = \cos t$ なので，$t = \pi/2$ のときの dy/dt は 0 となる。この値は，つぎの式で近似的に計算できる（MATLAB で計算した値を示す）。

$$\frac{y(1.57) - y(1.56)}{1.57 - 1.56} = 0.005\,80 \tag{6.1}$$

$$\frac{y(1.58) - y(1.57)}{1.58 - 1.57} = -0.004\,20 \tag{6.2}$$

$$\frac{y(1.58) - y(1.56)}{1.58 - 1.56} = 0.000\,796 \tag{6.3}$$

分子の部分に着目すると，これらは $[1 \ -1]$，$[1 \ 0 \ -1]$ などのフィルタ係数として表現できることがわかる。

また，**2 階微分**は 1 階微分の微分なので，つぎの式で近似できる。

$$\frac{\dfrac{y(1.58) - y(1.57)}{1.58 - 1.57} - \dfrac{y(1.57) - y(1.56)}{1.57 - 1.56}}{1.58 - 1.57} \tag{6.4}$$

この式の分子の部分は，$[1 \ -2 \ 1]$ というフィルタ係数として表現できる。

6.3 エッジの検出

画像から物体を抽出する方法の一つに物体の輪郭を用いる方法がある。グレイスケール画像で輪郭の部分がどのようになっているかを観察してみる。

```
>> C=imread('building-1081868_640.jpg');
>> G=rgb2gray(C);
>> mesh(G); axis ij; view(-18,65); colormap('gray')
```

mesh 関数は画像を表示する関数ではないため，y 軸の向きが画像とは逆になっているので，axis 関数で上下反転させている。また，グレイスケール画像の画素と同じ色になるように，colormap 関数でカラーマップを gray に指定している。

表示される 3 次元グラフを回転させ，いろいろな方向から観察すると，輪郭をまたぐ方向では，多くの部分で急激に値が変化していることがわかる（例え

ば図 6.5 の建物と空の境界部分）。また，輪郭に沿った方向（例えば，図の建物の縁）では，グラフの高さがほぼ同じに，つまり多くの部分で値はなだらかに変化している。急激な変化を微分が大きくなることでとらえ，小さくランダムに変化するノイズ成分は重み付き平均で抑えようとするフィルタが，**Sobel オペレータ**である。

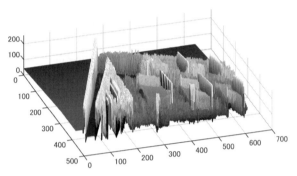

図 **6.5** グレイスケール画像の 3 次元グラフ

縦方向に重み付き平均，横方向に微分を用いると，つぎのような係数となる。

```
>> conv2([1;2;1],[1 0 -1])
ans =
     1  0  -1
     2  0  -2
     1  0  -1
```

この係数を実際に使ってみる（プログラム **6-3**）。

───── プログラム **6-3**（Sobel オペレータによるエッジ検出）─────
```
>> fsx=conv2([1;2;1],[1 0 -1]);
>> gx=filter2(fsx,double(G));
>> fsy=fsx';
>> gy=filter2(fsy,double(G));
>> gxy=hypot(gx,gy);
>> imtool(uint8(gxy),'InitialMagnification','fit')
```

hypot は二乗和の平方根を計算する関数である。この関数で縦方向と横方向の

大きさを合わせている。出力されたグラフから輪郭が抽出できていることがわかる（図 6.6）。このような処理を**エッジ検出**と呼ぶ。

図 6.6 Sobel オペレータによるエッジ検出結果

2次微分の係数 [1 −2 1] を用いると，エッジを強調して，画像を**鮮鋭化**（はっきりさせる）できる。2次微分の効果を画像の行方向を例に見てみる。

```
>> C=imread('rose.jpeg');
>> G=rgb2gray(C);
>> y=G(301,:);
>> y1=filter([1 0 -1],1,double(y));
>> y2=filter([1 -2 1],1,double(y));
>> r=201:300;
>> subplot(3,1,1); plot(r,y(r)); hold on
>> plot(r,double(y(r))-y2(r),':'); hold off
>> subplot(3,1,2); plot(r,y1(r)); ylim([-75 75])
>> subplot(3,1,3); plot(r,y2(r)); ylim([-75 75])
```

図 6.7 の (a) には，元の値（実線）と元の値から2次微分を引いた値（点線）を重ねてプロットしている。(b) は1次微分，(c) は2次微分である。(a) の点線のグラフを見ると，エッジの部分が値の大きいところはより大きく，小さいところはより小さくなり，メリハリが付いて強調されることがわかる。

2次微分の係数 [1 −2 1] を縦，横，45°，135° の4方向分を足し合わせるように作成した2次元フィルタを**ラプラシアンオペレータ**と呼ぶ。元画像からラプラシアンオペレータによる2次微分を引くフィルタ係数は，次式で与えられる。

6. 画像の空間領域処理

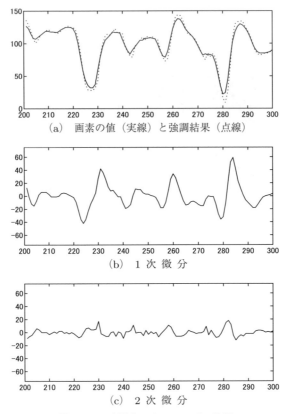

図 **6.7** 2次微分によるエッジの強調

$$\begin{bmatrix} 0 & 0 & 0 \\ 0 & 1 & 0 \\ 0 & 0 & 0 \end{bmatrix} - k \begin{bmatrix} 1 & 1 & 1 \\ 1 & -8 & 1 \\ 1 & 1 & 1 \end{bmatrix} \tag{6.5}$$

$k = 1$ のときは

$$\begin{bmatrix} -1 & -1 & -1 \\ -1 & 9 & -1 \\ -1 & -1 & -1 \end{bmatrix} \tag{6.6}$$

となる。

章　末　問　題　89

6.4　非線形フィルタ

　線形演算で掛けることができないフィルタのことを**非線形フィルタ**と呼ぶ。移動平均フィルタは，注目する値を，その周辺の平均値に置き換えるものである。注目する値を，その周辺の**中央値（メディアン）**に置き換えるフィルタをメディアンフィルタと呼ぶ。MATLAB では，2 次元データに対するメディアンフィルタ処理を行う関数として medfilt2 が用意されている。

```
>> imageViewer(uint8(medfilt2(NG,[3 3])))
```

NG は，プログラム 6-2 で用いたものである。第 2 引数はフィルタのサイズであり，この範囲のメディアンに置き換えるように処理される。この画像の場合，ノイズが減少したことがわかる。

章　末　問　題

【1】　適当な画像を filter2 で横方向にぼけた画像にせよ。

【2】　プログラム 6-2 のフィルタ係数の行列の大きさをより大きな奇数に変えてみるとなにが起こるか。3 より大きい場合を二つ以上試して，フィルタ係数のサイズとその効果の関係について考察せよ。

【3】　5 Hz 程度の正弦波を作成し，その正弦波を微分せよ。また，微分した結果も元のグラフに合わせてプロットして，結果について説明せよ。

【4】　適当な画像について **Prewitt オペレータ**を用いてエッジ検出を行え。その結果について，Sobel オペレータの結果と比較して考察せよ。Prewitt オペレータはつぎの係数である。

$$f_x = \begin{bmatrix} -1 & 0 & 1 \\ -1 & 0 & 1 \\ -1 & 0 & 1 \end{bmatrix}, \quad f_y = \begin{bmatrix} -1 & -1 & -1 \\ 0 & 0 & 0 \\ 1 & 1 & 1 \end{bmatrix} \tag{6.7}$$

【5】　45° と 135° のエッジを強調するようなフィルタを Sobel オペレータにならって作成し，処理せよ。また，この処理でうまく強調されるような画像を探し，6 章中のプログラムより有効であることを示せ。

90   6. 画像の空間領域処理

【6】 45°と135°のエッジを強調するようなフィルタを Prewitt オペレータにならって作成し，処理せよ。また，この処理でうまく強調されるような画像を探し，6章中のプログラムより有効であることを示せ。

【7】 MATLAB 関数の edge を用いてエッジ抽出を行い，ほかの手法の結果と比較せよ。

【8】 適当な画像を対象に，ラプラシアンオペレータを用いたエッジの強調を行え。ただし，k をいくつか試して最適な値を探すこと。

【9】 MATLAB 関数の imnoise を用いて，ホワイトノイズを適当なグレイスケール画像に加えよ。また，その画像に対し，メディアンフィルタと移動平均フィルタをそれぞれ最適なパラメータで実行し，結果を比較して，それぞれのフィルタの効果を考察せよ。

【10】 関数 imfilter を用いると，カラー画像にも簡単にフィルタを掛けられる。適当なフィルタを適当なカラー画像に掛けてみよ。

7 音声データの相関

大量のデータを対象とするのが統計学である。画像データや音声データはそれ自身が大量の要素から構成されるため，統計的な処理が多用される。音声データを対象に，統計的な処理の中で最も利用されるものの一つである相関について試す。

キーワード 類似度，内積，距離，角度，相関，相互相関，自己相関

7.1 相 互 相 関

7.1.1 ベクトルの類似度

ベクトルの**類似度**を計算する方法はいくつかある。計算方法の特徴を考察するため，最も単純なベクトルとして 2 次元ベクトルを考える。2 次元空間での 2 次元ベクトルは，平面上の点を表す。

ここで三つのベクトル $p = (1,1)$，$q = (3,3)$，$r = (-1,1)$ を考える。二つの点の**距離**は，二つの点の近さを表す。2 点 p，q の**ユークリッド距離**は式 (7.1) で計算できる。

$$\sqrt{(p_x - q_x)^2 + (p_y - q_y)^2} \tag{7.1}$$

```
>> p=[1 1]; q=[3 3]; r=[-1 1];
>> sqrt(sum((p-q).^2)) ❶
ans =
    2.8284
>> norm(p-q) ❷
```

92   7. 音声データの相関

```
ans =
     2.8284
>> norm(p-r)
ans =
     2
>> norm(q-r)
ans =
     4.4721
```

sum は数列の総和を計算する関数である（❶）。ユークリッド距離は，行列の**ノルム**を計算する norm 関数でも計算できる（❷）。ユークリッド距離から見ると，ベクトル p とベクトル r が似ていることになる。

つぎに，p, q, r を位置ベクトルだと考える。位置ベクトルには向きがある。向きがどのくらい似ているか，を考えることもできる。

ベクトル間の**角度**は**内積**を用いて計算できる。ベクトル a とベクトル b の内積は $a \cdot b$ と表すことにする。内積は dot 関数を用いてつぎのように計算できる。

```
>> dot(p,q)
ans =
     6
```

線形代数では，通常，ベクトルは列ベクトルなので，列ベクトルはそのまま，行ベクトルは列ベクトルを転置したもの，と表記することにすると，内積はつぎのようにも書ける。

$$a \cdot b = a^T b \tag{7.2}$$

MATLAB では，この式の計算はつぎのようになる。

```
>> p*q'
ans =
     6
```

内積と二つのベクトルの角度 θ の関係は，つぎのようになる。

$$\cos\theta = \frac{\boldsymbol{a}\cdot\boldsymbol{b}}{||\boldsymbol{a}||\,||\boldsymbol{b}||} \tag{7.3}$$

$||\boldsymbol{a}||$ はベクトル $\boldsymbol{a}$ の長さとする。

$\cos\theta$ の値は，$0 \leq \theta \leq \pi$ では，θ が大きくなるにつれて小さくなる。つまり，向きが同じときに最大で，似ていないほど $\cos\theta$ の値は小さくなり，向きが逆のときに最小になる。したがって，類似度としては，θ よりも $\cos\theta$ が適している。

$\cos$ を用いたベクトル $\boldsymbol{p},\ \boldsymbol{q},\ \boldsymbol{r}$ の類似度（**コサイン類似度**）を計算する。

```
>> dot(p,q)/norm(p)/norm(q)
ans =
     1
>> dot(p,r)/norm(p)/norm(r)
ans =
     0
>> dot(q,r)/norm(q)/norm(r)
ans =
     0
```

コサイン類似度では，ベクトル $\boldsymbol{p}$ とベクトル $\boldsymbol{q}$ が似ていることになる。さらにこの場合，コサイン類似度が 1.0 になるので，ベクトル $\boldsymbol{p}$ とベクトル $\boldsymbol{q}$ は同じ向きである。

ほかにもさまざまな類似度の計算方法がある。これらの中からどれを選べばよいかは，目的によって変わる。

系列の類似度の計算方法を考えるために，もう少し点数を増やして 4 点のベクトルを考える。

```
>> a=[1 5 -1 3];
>> b=[4 20 -4 12];
>> c=[-3 1 5 1];
>> plot(a); hold on; plot(b,':'); plot(c,'--')
```

`plot` の第 2 引数が「`:`」の場合点線で，「`--`」の場合破線でプロットする。

プロットを見ればわかるように，ベクトル $\boldsymbol{b}$ は，ベクトル $\boldsymbol{a}$ を 4 倍したも

94　　　7. 音声データの相関

のである。波として見れば，振幅が異なるだけで形は同じである。一方，ベクトル c はベクトル a, b とは違う形である。これらより，ユークリッド距離を尺度とした場合と，向きに着目した場合で，どの組み合わせが似ているかが変わる。

```
>> norm(a-b)
ans =
      18
>> norm(a-c)
ans =
       8.4853
>> norm(b-c)
ans =
      24.7386
>> dot(a,b)/norm(a)/norm(b)
ans =
       1
>> dot(a,c)/norm(a)/norm(c)
ans =
       0
>> dot(b,c)/norm(b)/norm(c)
ans =
       0
```

ユークリッド距離ではベクトル a とベクトル c，向きではベクトル a とベクトル b が似ている。

統計学で二つの確率変数の類似度の指標となる**相関係数**は，同じ長さのベクトル x, y の x_i, y_i が組になっていると見なしたときに，つぎのように計算される。

$$\frac{\sum_{i=1}^{n}(x_i-\overline{x})(y_i-\overline{y})}{\sqrt{\sum_{i=1}^{n}(x_i-\overline{x})^2}\sqrt{\sum_{i=1}^{n}(y_i-\overline{y})^2}} \tag{7.4}$$

ただし，$\overline{x}$, $\overline{y}$ はそれぞれベクトル x, y の（相加）平均である。この式の $x-\overline{x}$ を a，$y-\overline{y}$ を b とすると，式 (7.3) と同じ形であることがわかる。

7.1.2 相互相関関数

　長さを同じにそろえた系列どうしであれば，内積やユークリッド距離を簡単に計算できる。しかし，実際に信号が似ているかどうかを調べたいときには，長さがまちまちであったり，一部だけが似ているということが多い。

　例えば，ある CM が，あるテレビ局が放映した番組で流されたかどうかを調べたいとする。x を CM（の音声），y をテレビ番組（の音声）とすると，y のどの部分に x（と似た信号）が含まれているかを調べればよい。

　このようなときに利用できるのが**相互相関関数** xcorr である。

```
>> y=[8 8 -3 4 -6 -10];
>> x=[8 -3 4 -6];
>> xc=xcorr(x,y)
xc =
  1 列から 7 列
  -80.0000 -18.0000 10.0000 0.0000 125.0000 4.0000 26.0000
  8 列から 11 列
  -16.0000 -48.0000 -0.0000        0
>> plot(xc)
```

　この例では，短い x が長い y の 2 番目から 5 番目に含まれている。xcorr は，長さが異なるベクトルの場合には，長さをそろえてから，ずらしながら内積を計算している。リファレンスドキュメントで確認できるように，長さが異なる場合には，短いベクトルに 0 を付加して内積を計算する。この例の場合，x を $[8\ -3\ 4\ -6]$ から $[8\ -3\ 4\ -6\ 0\ 0]$ とする。

　計算方法を以下に示す。まず，つぎのようにずらして対応をとる。

$$8\ -3\ 4\ -6\ 0\ 0$$
$$8\ 8\ -3\ 4\ -6\ -10$$

-10 と 8 の対応がとられている。重なっているところをベクトルとして見ると $[-10]$ と $[8]$ となる。

```
>> dot([-10],[8])
ans =
```

```
    -80
```

であるので，xcorr(x,y) の 1 番目の要素は −80 となっている。

以後，一つずつずらして同様に計算する。2 番目の要素を計算するときには，つぎのようになる。

```
        8  -3 4 -6 0 0
    8 8 -3 4 -6 -10
```

したがって，$\mathrm{dot}([-6\ -10], [8\ -3]) = -18$ となる。

最後は，つぎのようになる。

```
    8 -3 4 -6 0 0
            8 8 -3 4 -6 -10
```

したがって，0 となる。

このような計算なので，値の大きなところが最も内積が大きくなるずらし方で，上記の例では $x_c(5)$ である。これは，最初から 5 番目ではなく，真ん中の 6 番目から一つ左にずらしたと考えるのがよい（真ん中は，両方の最初の要素をそろえた場合に対応する）。つまり，y を一つ左にずらしたときにその一部が x と一致することを反映している。

部分どうしの内積を用いているため，xcorr はまったく同一の系列でなくても，似ている部分があるかどうか，どこにあるかを調べられる。

7.2 自 己 相 関

ある関数 x が**周期関数**であるということは，周期が T 秒とすると，式 (7.5) で表される。

$$x(t) = x(t+T) \tag{7.5}$$

離散データの場合は，N 点が周期だとすると，式 (7.6) のように書く。

$$x[n] = x[n+N] \tag{7.6}$$

この式は，部分が似ているという視点で見ると，周期関数はその信号自身のある部分と，いくつかずらした部分が一致する，といえる。

この考えに基づくと，7.1 節の相互相関を同じベクトルに対して計算して，ずらして最も値が大きくなるところが周期を表すと推定できる。

相互相関関数を用いて，同じ信号の相互相関を見てみる。

```
>> y=repmat([0 2 2 0 -2],1,4);
>> yc=xcorr(y,y);
>> plot(yc)
```

プロットされるグラフは，つぎのようになる（図 7.1）。

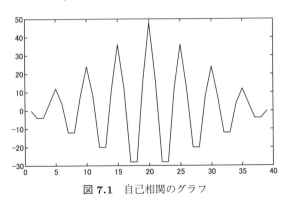

図 7.1　自己相関のグラフ

中央の一番高いところは，開始点をそろえて比較した場合に対応する。開始点をそろえると，比較する系列がまったく同じものになる。どのような信号の場合も，中央が最大の値となる。このグラフは左右対称になるので，右側だけ見てみる。中央から右に 5 点目が中央のつぎに大きな値をとる。これは，5 点ずらしたとき最も似ているということである。y の系列を見ても，周期が 5 点であるという推測は妥当であろう。

じつは MATLAB では，xcorr(y,y) は xcorr(y) と書ける。このような同じ信号に対する相互相関関数を特に「自己相関関数」と呼ぶ。ところで，自己

相関では，中央の値がつねに最大になる．したがって，その値が 1 になるように，その値（最大値）で全体を正規化することが多い．

自己相関関数で調べられる周期は**基本周波数**（f_0）と呼ばれる．基本周波数は音の高さを調べるのに使われることが多い（**プログラム 7-1**）．

───── プログラム 7-1（母音「あ」の音声波形の拡大プロット）─────
```
>> [y,fs]=audioread('a-.wav');
>> plot(y)   ❶
>> a=y(2001:3024);   ❷
>> plot(a)   ❸
>> ac=xcorr(a);
>> plot(ac); xlim([1024-99 1024+99])   ❹
```

❶ のプロットを拡大し，周期性がありそうな部分を抽出する（❷）．❸ のプロットは図 **7.2** のようになる．

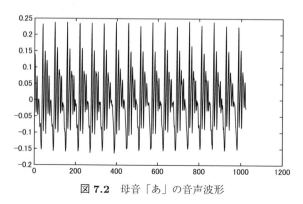

図 **7.2** 母音「あ」の音声波形

プロットから，ほぼ一定の周期があることが確認できる．プロットした部分の自己相関をとった結果のプロットの中央部を拡大する（❹）と，図 **7.3** のようになる．

このプロットを拡大すると，右側のピークは 159 点目にあることがわかる．100 点目が中央なので，周期は 59 点であることがわかる．

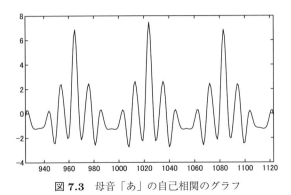

図 7.3　母音「あ」の自己相関のグラフ

7.3　時間波形のフレーム処理

　単語や文章をしゃべった音声は，イントネーションやアクセントに起因して，周期が刻一刻と変化する。このようなときには，3.5節で述べた音声のフレーム処理を利用するのがよい。

　MATLABの特徴を用いると，`for`ループを利用せずに音声をフレーム分割できる。

```
>> x=(1:9)*2
x =
     2   4   6   8  10  12  14  16  18
>> ind=[1 3 5 7; 2 4 6 8; 3 5 7 9]  ❶
ind =
     1   3   5   7
     2   4   6   8
     3   5   7   9
>> F=x(ind)  ❷
F =
     2   6  10  14
     4   8  12  16
     6  10  14  18
>> F(:,1)
ans =
     2
     4
```

100   7. 音声データの相関

```
         6
>> F(:,2)
ans =
         6
         8
        10
```

　x は偶数の行ベクトルである。❶ で3行4列の行列 ind を設定している。❷
では，この ind を用いて，ベクトル x にアクセスし，値を F に代入している。
すると，返り値は ind と同じ大きさの行列になり，ind の値に対応した値とな
る。この結果得られた行列の列を見ると，1列目は 2，4，6 と $x(1)$〜$x(3)$ の
要素，2列目は 6，8，10 と $x(3)$〜$x(5)$ の要素となっている。1列目を第1フ
レームとして見ると，フレームは三つの要素を持つ。また，つぎのフレームま
では，2要素ずれている。つまり，インデクス行列 ind を用いると，フレーム
幅3，フレームシフト2のフレームを生成できる。

　この ind のような行列は，MATLAB の行列の足し算の機能を利用して簡単
に作ることができる。

```
>> W=3;
>> N=4;
>> SP=2;
>> (1:W)'+(0:N-1)*SP
ans =
     1 3 5 7
     2 4 6 8
     3 5 7 9
```

この例では，サイズ（形状）の異なる行列を足している。MATLAB では，こ
のような場合に，条件を満たしていれば，自動的に行や列を追加して計算する
機能が備わっている。

```
>> A=[0;1] ❶
A =
     0
     1
```

7.3 時間波形のフレーム処理　　　*101*

```
>> B=[3 5] ❷
B =
     3   5
>> A+B ❸
ans =
     3   5
     4   6
>> A*B ❹
ans =
     0   0
     3   5
>> B*A ❺
ans =
     5
>> [A A]*[B;B] ❻
ans =
     0   0
     6  10
>> [A A].*[B;B] ❼
ans =
     0   0
     3   5
>> D=reshape(1:6,2,3)
D =
     1   3   5
     2   4   6
>> D+A
ans =
     1   3   5
     3   5   7
>> D+B ❽
行列の次元は一致しなければなりません。
```

このように，二つの多次元配列を操作するとき，その二つの配列のサイズが異なっていて，片方の配列のどこかの次元のサイズが1の場合，サイズが合うように自動的に繰り返す。この例の場合，配列 A は第1次元のサイズが2，第2次元のサイズが1（❶），配列 B は第1次元のサイズが1，第2次元のサイズが2（❷）となる。したがって，配列 A と配列 B を足したり（❸），掛けたり（❹）する場合には，A は第2次元の方に2回繰り返し $\begin{bmatrix} 0 & 0 \\ 1 & 1 \end{bmatrix}$ となり，配

102　　7. 音声データの相関

列 B は第 1 次元の方に 2 回繰り返し $\begin{bmatrix} 3 & 5 \\ 3 & 5 \end{bmatrix}$ となる。この掛け算は要素どうしの掛け算（.*, ❼）となり，行列の掛け算（❻）とは異なる。また，行列（ベクトル）の掛け算が成り立つような場合（❺）は，行列の掛け算となることに注意しなければならない。

　この考え方を用いて，音声信号をフレームに分割して処理するための関数を作成する。MATLAB のメニューの [ファイル] → [新規作成] → [関数] を選び，プログラム 7-2 のように入力して，frameindex.m という名称で保存する。

―――――――――― プログラム 7-2（関数 frameindex）――――――――――

```
function findex = frameindex(framelength, noverlap, signallength)
%frameindex 音声信号をフレーム処理用に変形するためのインデクスを出力
% findex=frameindex(framelength,noverlap,signallength) は
% 音声信号をフレーム幅 framelength, ずらし幅 noverlap で
% フレームに分割するためのインデクスを生成する。
% 音声信号の長さ（点数）を signallength で与える。
    nshift=framelength-noverlap;
    n=fix((signallength-framelength)/nshift+1);
    findex=(1:framelength)'+(0:n-1)*nshift;
end
```

　関数 frameindex は，例えば，プログラム 7-3 のようにフレーズの周期の変化をプロットするのに利用できる（長いプログラムなので，スクリプトとして作成して実行することを前提としている。適当な名称のスクリプトファイルとして作成すること）。

―――――――――― プログラム 7-3（フレーズの周期のプロット）――――――――――

```
[y,fs]=audioread('onigiri.wav');
yframe=y(frameindex(256,64,length(y)));
[f,nframe]=size(yframe);
p0=nan(1,nframe);  ❶
for idx=1:nframe
    xc=xcorr(yframe(:,idx));
    xcr=xc(257:end);
    loc=find(islocalmax(xcr,'MinProminence',xc(256)*0.5));
    if ~isempty(loc)  ❷
```

                                           7.3 時間波形のフレーム処理   *103*

```
        [v,maxindex]=max(xcr(loc));
        p0(idx)=loc(maxindex);
    end
end
plot(p0)
```

isempty（❷）の使い方は help などで各自調べること。

❶ の nan は不定値を示す。不定値とは，0/0 や $\infty - \infty$ など数学的に定義さ
れないような計算結果として使われる。通常，文章中では NaN などと表現さ
れることが多い。

```
>> 0/0
ans =
    NaN
```

Java など多くの言語では，このような演算が起きるとエラーが出ることが多
いが，MATLAB ではエラーを出さない。つまり，多くの関数が，入力の一部
に NaN を含んでいても，その部分は無視して処理できるようになっているの
で注意が必要である。

```
>> x=[5 nan];
>> x'
ans =
     5
     NaN
>> x+1
ans =
     6 NaN
>> mean(x)
ans =
    NaN
>> mean(x,'omitnan')
ans =
     5
```

mean は，NaN を無視しないために，平均が NaN となってしまう。一方，
nanmean は NaN を無視して平均を計算する。

章 末 問 題

【1】 つぎのプログラムを用いて三つの信号を生成し，プロットして波形を確認せよ。また，これらの三つの信号の類似度を計算し，その結果を考察せよ。

```
>> x=0:1/8*pi:2*pi;
>> sin1=sin(x);
>> sin2=sin(2*x);
>> tri=sawtooth(2*x+1/2*pi,0.5);
```

sawtooth はノコギリ波を生成する関数である。第2引数は，0〜1の値で頂点の位置を指定する。

【2】 内積を $\sum$ を用いて書き換えよ。また，その書き換えが正しいことをMATLABスクリプトを用いて示せ。

【3】 適当な信号を二つ用意し，相互相関を計算して，どの部分が似ているかを調べよ。長さが長いとメモリ不足で相互相関が計算できないことがあるので，適当な長さの信号で試すこと。

【4】 適当な音の自己相関をプロットせよ。ただし，最大値が1になるようにして，(ヒント: help xcorr で表示されるリンクの xcorr のリファレンスページをよく読むこと) 右半分だけをプロットし，横軸は周期〔s〕となるようにせよ。図 7.4 に見本を示す。

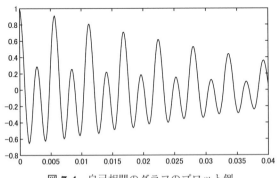

図 7.4 自己相関のグラフのプロット例

章 末 問 題　*105*

【5】 サポートサイトにある tokyo_2015_2018.csv は，2015 年 1 月 1 日から 2018 年 12 月 31 日までの東京の平均気温を格納したファイルである。このデータの自己相関を計算して，その結果のプロットから基本周期を推定し，考察せよ。

【6】 周期的であると思う信号に対し自己相関を計算し，その結果のプロットを観察して，基本周波数を推定せよ。

【7】 周期的であると思う信号に対し自己相関を計算して，その結果のプロットを観察し，基本周波数に対応するピーク以外の 2，3 個のピークについて，大きい順にどのようなものを表しているか考察せよ。

【8】 周期的でないと思う信号に対し自己相関を計算し，その結果のプロットから，どのようにすれば周期的でないことを判断できるか考察せよ。

【9】 さまざまな周波数の正弦波を作成して，その自己相関を計算せよ。また，どんどん周波数を上げていくとどうなるか観察し，自己相関を使って信号の周波数を推定する場合，どの程度の周波数まで正しく推定できるか考察せよ。

【10】 プログラム 7-3 を用いると，楽器のフレーズ，歌声，話し声，そのほか，音の高さが変化するもの（道路の視覚障害者用の信号など）の音の高さの変化を可視化できる。音の高さが変化する適当な音を録音し，可視化してみよ。

　　また，その音のスペクトログラムも観察し，音の高さがスペクトログラムではどのように表れているか考察せよ。なお，プログラム 7-3 を用いる場合に，対象となる音の高さの範囲がだいたいわかっている場合は，LPF や BPF などのフィルタやサンプリング周波数を変化させることで推定精度を上げられる（ヒント：MATLAB では，サンプリング周波数を変化させるのに resample を使うと便利である）。

8 画像データの類似度

　1枚の画像内で同じ色を持つ画素を探したり，同じ形状（空間的な画素濃度分布が同じ）の領域を探したり，複数の画像でたがいの対応点を探したりする処理は重要である。このような処理は，対象とするパターンに対して特徴を定義し，同じような特徴を持つ画素や領域を探索することで実現される。

キーワード　ユークリッド距離，エッジ，相関係数, 相互相関

8.1　画素のユークリッド距離

　カラー画像の画素の色がR，G，Bそれぞれのバンドの値で特徴付けられていると考える。すると，R，G，Bの値を座標軸とする3次元空間が**特徴空間**であると見なせる（ここでは**RGB色空間**と呼ぶ）。画素 $p = (r, g, b)$ はこの空間の点となる。この空間では，同じ色を持つ画素は同じ座標となる。また，似たような色を持つ画素は，点 p の近傍に配置されると考えられる。

　このようにそれぞれの画素をRGB空間でのベクトルとすると，ユークリッド距離の小さいベクトルが類似しているものと見なせる。paprika-966290_640.jpgに対して，適当な黄色い画素をいくつか，もしくは領域を選んで，その平均ベクトルからしきい値以下のユークリッド距離の画素を残すバイナリマスクを生成して抽出した例を図 8.1 に示す（章末問題【 1 】）。

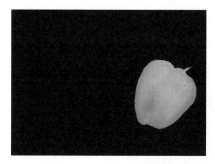

図 8.1　ユークリッド距離による類似画素の抽出

8.2　画素の相関の応用

　6章では，画素の明るさの違いでエッジを検出した。ここでは，色の違いに基づくエッジ（**カラーエッジ**）について考える。ベクトルが似たような変化パターンを持つ画素は同じ領域であると定義し，その考え方に基づいてエッジを検出する関数が**プログラム 8-1** である。

―――――――― プログラム 8-1（カラーエッジ検出関数）――――――――

```
function r = diff_inner(I)
[h,w,~]=size(I);
x=double(I);
p=zeros(h,w);
q=p;
for m=1:h-1
    for n=1:w-1 ❶
        xl=x(m,n,:);
        xr=x(m,n+1,:);
        xb=x(m+1,n,:);
        c=corrcoef(xl,xr);
        p(m,n)=1-c(1,2);
        c=corrcoef(xl,xb);
        q(m,n)=1-c(1,2);
    end
end
r=hypot(p,q);
end
```

corrcoef は，**相関係数行列**を返す関数である（章末問題【2】）。
この関数を用いて paprika-966290_640.jpg のエッジを検出した例を図 8.2 に示す（章末問題【4】）。

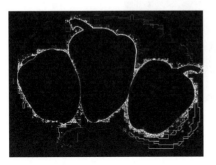

図 8.2 カラーエッジの抽出例

なお，プログラム 8-1 は，アルゴリズムがわかりやすくなるように ❶ で for ループを用いて，そのループの内側で行列の要素に関する計算を行っている。しかし，MATLAB では，行列計算については一括して行う方が，ループで個々の要素を処理するよりはるかに高速になる。それを試すために，つぎのスクリプトを適当なファイルに作成する（プログラム 8-2）。

―――― プログラム 8-2（ループの解消）――――

```
R1=randn(100,100,3);
R2=randn(100,100,3);
tic
N1=zeros(100,100);
for x=1:100
    for y=1:100
        N1(x,y)=vecnorm(R1(x,y,:)-R2(x,y,:));
    end
end
toc
tic
N2=vecnorm(R1-R2,2,3);   ❶
toc
```

tic はストップウォッチタイマーを開始する関数であり，toc はストップウォッチから経過時間を読み取る関数である。vecnorm はベクトルのノルムを計算する関数である。❶ では第 3 引数を指定している。この引数は，3 次元配列 R1-R2 の第 3 次元に沿ってノルムを計算することを意味する。

このスクリプトを実行すると，実行環境にもよるが，つぎのような出力が得

8.3 領域の相関　　*109*

られる。

経過時間は 0.124456 秒です。
経過時間は 0.002611 秒です。

ループを解消することで，かなり高速化されたことがわかる。

プログラム 8-1 で用いられる corrcoef は引数としてベクトルしかとらない。corrcoef で計算されるベクトル $\boldsymbol{A}$, $\boldsymbol{B}$ の相関係数 $\rho(\boldsymbol{A}, \boldsymbol{B})$ は，式 (8.1) で定義される。

$$\rho(\boldsymbol{A}, \boldsymbol{B}) = \frac{1}{N-1} \sum_{i=1}^{N} \left(\frac{A_i - \mu_{\boldsymbol{A}}}{\sigma_{\boldsymbol{A}}} \right) \left(\frac{B_i - \mu_{\boldsymbol{B}}}{\sigma_{\boldsymbol{B}}} \right) \tag{8.1}$$

ここで，$\mu_{\boldsymbol{A}}$, $\sigma_{\boldsymbol{A}}$, $\mu_{\boldsymbol{B}}$, $\sigma_{\boldsymbol{B}}$ はそれぞれ，ベクトル $\boldsymbol{A}$, $\boldsymbol{B}$ の平均と標準偏差である。つまり，この式は，MATLAB 関数の mean, std, dot を用いると sum を用いずに書ける（std は標準偏差を計算する関数である）。さらに，mean, std, dot は引数に行列をとる。これらの関数は，vecnorm と同様に引数に行列をとると，それらをベクトルの集合として扱う。このように工夫すると，プログラム 8-2 のようにループが解消され，関数 diff_inner を高速化できる（章末問題【3】）。

8.3 領 域 の 相 関

空間的なパターンの形状を，そのパターンを含む $m \times n$ 画素の領域の画素から構成される $N = m \times n$ 次元のベクトルと見なすと，その小領域は N 次元空間の点であると見なせる。空間の点の類似度は，音声の場合と同じように内積や相関で計算できる。

小領域（図 8.3）どうしの関係を見てみる。

```
>> C=imread('cyclist-394274_640.jpg');
>> G=rgb2gray(C);
>> T0=double(G(21:100,201:280));
```

```
>> T1=double(G(22:101,201:280));
>> scatter(T0(:),T1(:));  ❶
>> corrcoef(T0(:),T1(:))
ans =
    1.0000    0.8673
    0.8673    1.0000
>> T2=double(G(11:90,11:90));
>> scatter(T0(:),T2(:));
>> corrcoef(T0(:),T2(:))
ans =
    1.0000   -0.2292
   -0.2292    1.0000
```

(a) T_0　　(b) T_1　　(c) T_2

図 8.3　比較した小領域

T_0（図 (a)）は顔の部分，T_1（図 (b)）は T_0 を下に 1 画素だけずらした部分，T_2（図 (c)）は，空の部分である。

❶ の scatter は散布図を作成する関数である。相関係数行列の (1, 2) 要素は相関係数（式 (7.4)）である。散布図がどの程度直線的なのかを評価する指標である。小領域 T_0 と T_1 の相関係数は 0.866 である。一方 T_0 と T_2 の相関係数は -0.229 である。

このように，似た小領域どうしでは相関係数が大きくなる。したがって，相関係数を用いると，小領域が画像のどこにあるかや，似た小領域がどこにあるかを探索することができる。

相関係数を正しく求めるためには，いくつか注意すべき点がある。

(1) データの**ダイナミックレンジ**（最大値から最小値を引いたもの）は，大きければ大きいほど安定して推定できる。

(2) 異常値（**外れ値**）がある場合には，正しい値が得られない。

(3) 大きなエッジなどがあり，とりうる値が限られる場合には，高い相関係数が得られてしまう。

8.3 領域の相関　111

　これらの性質は簡単なシミュレーションで確かめられる。(1) のレンジの大きさと安定性の関係を確かめてみる。このシミュレーションでは，つぎの式を用いてデータ対 x_i, y_i を生成する。

$$y_i = ax_i + b + \varepsilon_i, \quad \varepsilon_i \sim N(0, \sigma^2) \tag{8.2}$$

雑音成分として，平均 0，分散 σ^2 の正規乱数を加える。シミュレーションにはつぎの関数を使用する。

```
function [ r,p ] = sim_corrcoef( num, xmax, s, a, b )
if nargin < 3 ❶
    s=0.05;
end
if nargin < 4
    a=1.55;
    b=0.25;
end
x=linspace(0,xmax,num); ❷
y=a*x+b+randn(size(x))*s; ❸
[r,p]=corrcoef(x,y);
figure; scatter(x,y);
fprintf('r=%f\n',r(1,2));
end
```

❶ の nargin は関数内で，引数の数を返す関数である。例えば sim_corrcoef を sim_corrcoef(100,0.1) と呼び出したときには，nargin は 2 となる。したがって，このような呼び出しのときには，❶ の if 文に成功するので，つぎの行に進み，s に 0.05 が代入される。MATLAB では，このように nargin を利用することで，引数の数を変化させた関数呼び出しに対応できる。つまり，s を 0.1 としたいときには，sim_corrcoef(100,0.1,0.1) と呼び出す。

　❷ で x を均等な間隔で生成している。x をそのまま使う場合には，x にはノイズ成分が含まれない。一方で，❸ の y の生成では，乱数を加えているので，ノイズ成分が含まれる。

　この関数を用いて実験してみる（乱数を用いるので，結果は試行ごとに変わることに留意せよ）。

112   8. 画像データの類似度

```
>> sim_corrcoef(100,0.1);
r=0.666238
>> sim_corrcoef(100,0.1);
r=0.688262
>> sim_corrcoef(100,0.5);
r=0.972293
>> sim_corrcoef(100,0.5);
r=0.976619
>> sim_corrcoef(100,1);
r=0.992296
>> sim_corrcoef(100,1);
r=0.993806
```

　いくつか実験してみると，x のレンジが小さい場合には，相関係数の推定が不安定になることがわかる。

　実際に画像の対応点対を求める場合は，画像に含まれる雑音成分が正規乱数に，x のレンジが画素の値のダイナミックレンジに対応することになる。ダイナミックレンジが小さい場合は，濃淡の変化が少ない状況で対応点を探すことになる。シミュレーションによると，このような場合は，雑音成分によって相関係数の推定が不安定になるため，正しい対応点が求められなくなることがある。通常このような事態を避けるためには，なるべく濃度変化の大きい場所を使って対応点探索を行う。濃度変化の大きい場所としては，二つのエッジが交わるコーナー点などがある。

　相関係数を用いて対応点を探すときには，1次元の場合と同様，相互相関が便利である。MATLAB には2次元の相互相関を計算する xcorr2 という関数が用意されている。xcorr2 を用いて対応点を探す例を示す。

```
>> A=[9 18 14 11 10;
19 2 5 17 8;
15 20 4 1 7;
12 16 3 13 6];
>> B=A(2:3,3:4)
B =
     5 17
     4  1
```

章　末　問　題　*113*

```
>> B=B-mean(mean(B)) ❶
B =
    -1.7500    10.2500
    -2.7500    -5.7500
>> xcorr2(A,B)
ans =
    -51.7500 -128.2500 -130.0000 -101.7500  -87.7500  -27.5000
    -17.0000   105.0000   77.7500   -23.2500   -9.5000  -39.5000
    108.5000 -169.0000   -30.2500   148.7500    9.2500  -33.2500
     84.7500    53.7500   -55.2500   -79.7500   -0.2500  -28.7500
    123.0000   143.0000     2.7500   128.0000   38.7500  -10.5000
```

行列 B は，行列 A の $(2,3)$ 要素を左上として 2×2 の領域を抽出したものである。行列 A の中で行列 B と同じ領域を照合する。照合する領域は平均を引く（❶）。ここでは，4×5 の行列 A と 2×2 の行列 B の相互相関を計算している。結果は，5×6 となっている。結果の $(1,1)$ 要素は，行列 B の右下隅が $A(1,1)$ 要素と重なるように B を左に一つ，上に一つずらして掛け合わせて計算している。そのようにずらすため，結果のサイズが第 2 引数の行列のサイズ $(2,2)$ から行，列を一つずつ減じた $(1,1)$，つまり 1 行，1 列分だけ大きくなっている。相互相関の値は，$(3,4)$ 要素が最大となっている。1 行，1 列分だけ左上に追加されているので，その分を考慮すると，元のインデクスは $(2,3)$ であることがわかる。これは切り出した領域の左上のインデクスと一致する。

また，テンプレートの平均ベクトルを引いたものと対象領域の相互相関をつぎの式のようにノルムで正規化した相互相関もよく用いられる。

$$\frac{(\boldsymbol{x} - \overline{\boldsymbol{x}}) \cdot \boldsymbol{y}}{||\boldsymbol{x} - \overline{\boldsymbol{x}}||\,||\boldsymbol{y}||} \tag{8.3}$$

ただし，$\overline{\boldsymbol{x}}$ は $\boldsymbol{x}$ の平均を表す。MATLAB では，normxcorr2 として実装されている。

章　末　問　題

【1】 RGB 値で与えられた色と画像の画素の RGB 色空間でのユークリッド距離は，vecnorm を用いると計算できる。そのことを利用して for ループを使わずに，

114　　**8. 画像データの類似度**

画像から指定した色と似た色の領域を抽出するスクリプトを書け。

【**2**】　`diff_inner` のソースコードがどのような処理を行っているか具体的に解説せよ。

【**3**】　`diff_inner` を `for` ループを使わずに実装し，高速化せよ。

【**4**】　`diff_inner` を用いて適当なカラー画像のエッジ検出を行え。

【**5**】　(1)　適当なグレイスケール画像（カラー画像の場合はグレイスケールに変換せよ）から 32×32 のサイズの小領域 z_0 を切り出せ。

　　　(2)　その小領域から周辺の 8 方向に 1 画素ずらして切り出した 32×32 のサイズの小領域を切り出せ。すると z_0 も含めて九つの小領域ができる（z_0 ～z_8 とする）。この九つに対する 9 組の散布図を作成し，`subplot` を用いてそれらの散布図の一覧を作成せよ。

　　　(3)　切り出した場所と散布図の関係について考察せよ。

【**6**】　相関係数の性質（2）（8.3 節参照）を確認するようなシミュレーションをせよ。

【**7**】　相関係数の性質（3）（8.3 節参照）を確認するようなシミュレーションをせよ。

【**8**】　(1)　適当なグレイスケール画像（カラー画像の場合はグレイスケールに変換せよ）から 32×32 のサイズの小領域 z_0 を切り出せ。

　　　(2)　その小領域の周辺の 10 画素分（つまり，小領域の左上の座標を (p, q) としたら $(p-10, q-10)$, $(p+10, q-10)$, $(p+10, q+10)$, $(p-10, q+10)$）で囲まれる正方形の範囲でずらした画像を作成せよ。

　　　(3)　その 52×52 個の画像と元の小領域の相関係数を計算し，`mesh` で 3 次元プロットして，その結果について考察せよ。

【**9**】　グレイスケール画像や画像に対応した 2 次元配列の最大値と，その座標を返すつぎの関数 `maxG` を書け。

　　　　`[val,xi,yi]=maxG(G)`

ただし，G はグレイスケール画像や 2 次元相関係数など，`val` は最大値，`xi`, `yi` は最大値の x, y 座標とする。

【**10**】　(1)　サポートサイトにある画像 P3081361.JPG から左上の座標が $(2990, 2120)$ である 128×128 の小領域を切り出せ。

　　　(2)　その小領域に対応する領域をサポートサイトにある画像 P3081355.JPG, P3081359.JPG, P3091362.JPG, P3091363.JPG, P3091364.JPG から探せ。相互相関と正規化された相互相関の両方を試すこと。

　　　(3)　その結果を，検出された領域と元の画像，それぞれの画像の正解の領域と元の画像の散布図，相関係数を参照して考察せよ。

9 複素信号

　信号を複素数表現すると，ある種の操作や解析が簡単になることがある。音声信号を題材に複素数の処理について試す。

キーワード　　複素指数関数，オイラーの公式，チャープ信号，周波数変調，ビブラート，補間

9.1　信号の複素指数関数表現

　余弦波を例に信号の複素数表現を見てみる。**オイラーの公式**を用いると，**複素指数関数**は三角関数を用いて表せる。

$$e^{j\theta} = \cos(\theta) + j\sin(\theta) \tag{9.1}$$

j は虚数単位を表す。i を用いてもよい。電気分野では伝統的に j が用いられるため，信号処理の分野でも j が用いられることが多い。

　式 (1.1) と同様に周波数 f を用いた式の場合は，式 (9.2) のようになる。

$$Ae^{j(2\pi ft)} = A\{\cos(2\pi ft) + j\sin(2\pi ft)\} \tag{9.2}$$

両辺の実数部をとる。

$$\mathrm{Re}\{Ae^{j(2\pi ft)}\} = A\cos(2\pi ft) \tag{9.3}$$

つまり，複素指数関数の実数部をとると余弦波となる。

116   9. 複 素 信 号

MATLAB でも，複素指数関数を用いて余弦波を生成できる（プログラム
9-1）。

―――― **プログラム 9-1**（複素指数関数を用いた余弦波の生成）――――

```
>> fs=8000;
>> t=0:1/fs:1;
>> cs=exp(j*2*pi*440*t); ❶
>> y=real(cs);
>> soundsc(y,fs)
>> plot(y(1:100))
```

❶ の exp は指数関数である。また，j は虚数単位を表す。複素表現は位相の異
なる波を加算する場合の説明に便利である。

位相を考慮した余弦波の式は，つぎのようになる。

$$A\cos(2\pi ft + \phi) \tag{9.4}$$

式 (9.4) を実数部に持つ指数関数は，式 (9.2) より $Ae^{j(2\pi ft + \phi)}$ である。これ
はつぎのように変形できる。

$$Ae^{j(2\pi ft + \phi)} = Ae^{j2\pi ft}e^{j\phi} \tag{9.5}$$

$e^{j\phi}$ は複素数であるが定数である。したがって $Ae^{j\phi}$ の部分は，t にかかわらず
一定である。このような変形を用いると，同じ周波数の余弦波の加算を一般的
につぎの式で表せる。

$$Ae^{j(2\pi ft + \phi_1)} + Be^{j(2\pi ft + \phi_2)} = Ae^{j2\pi ft}e^{j\phi_1} + Be^{j2\pi ft}e^{j\phi_2}$$

$$= (Ae^{j\phi_1} + Be^{j\phi_2})e^{j2\pi ft} \tag{9.6}$$

$(Ae^{j\phi_1} + Be^{j\phi_2})$ の部分は，やはり t にかかわらず一定である。したがって，同
じ周波数 f の余弦波を加算して作られる波は，振幅や位相にかかわらず同じ周
波数 f となることがわかる。

9.2 周波数変調

9.2.1 瞬時周波数

複素数表現の $e^{jk(t)}$ という信号を考える。この式は，例えば式 (9.2) の $2\pi ft$ の部分を時間の関数と見なしたものである。周波数 440 Hz の余弦波の場合は，つぎのようになる。

$$k(t) = 2\pi 440\, t \tag{9.7}$$

この式を t で微分する。

$$\frac{dk(t)}{dt} = 2\pi 440 \tag{9.8}$$

この値は t を含まない。つまり定数である。したがって，この信号は高さが変化しない。また，この値は，周波数に 2π を掛けたものなので，**角周波数**である。

$k(t)$ が時間変化する関数の場合はどうなるだろうか。**チャープ信号**と呼ばれる信号がある。これは，周波数が時間とともに変化する信号である。例えば，時間とともに直線的に変化する場合を考える。つまり，$k(t)$ の微分が直線（t に関する一次関数になる）ということである。この信号を次式で表す。

$$\frac{dk(t)}{dt} = at + b \tag{9.9}$$

両辺積分して $k(t)$ を求めると，つぎのようになる。

$$k(t) = \frac{a}{2}t^2 + bt + C \tag{9.10}$$

ここで C は定数である。単一の余弦波では，C は位相である。この C によって音の高さや周波数が変わるわけではないので，とりあえず $C = 0$ とすると，$k(t)$ はつぎのようになる。

$$k(t) = \frac{a}{2}t^2 + bt \tag{9.11}$$

a, b の設定により，音の変化の仕方が変わる。このような信号を**線形チャー**

118   9. 複 素 信 号

プと呼ぶ。この信号を実際に作成してみる（**プログラム 9-2**）。

────────── **プログラム 9-2**（線形チャープ信号の生成）──────────

```
>> fs=8000;
>> t=0:1/fs:1;
>> a=880;
>> b=440;
>> k=a/2*t.^2+b*t;
>> ch=real(exp(j*2*pi*k));
>> soundsc(ch,fs)
```

　直線的な変化以外にも，2 次関数的に変化させる（章末問題【**2**】,【**3**】）など多様なチャープ信号がある。MATLAB では，代表的なチャープ信号を生成する関数として chirp が用意されている。

　なお，式 (9.1) の θ の部分を時間で微分したものを**瞬時周波数**と呼ぶ。式 (9.2) では $2\pi f t$ の部分の微分に当たる。

9.2.2　周 波 数 変 調

　周波数を時間によって変化させることを**周波数変調**と呼ぶ。周波数変調として**ビブラート**の生成を考えてみる。

　ビブラートとは，時間が経つにつれて，音の高さを少し上下させる演奏方法である。この上下の変化を正弦波のように変化させることを考えてみる。

　例えば，正弦波の周波数が，周波数 a Hz を中心に，上下 b Hz で周波数 f_v の正弦波の形で変動することを考える。つまり，瞬時周波数がつぎのようになる。

$$\frac{dk(t)}{dt} = a + b\sin(2\pi f_v t) \tag{9.12}$$

$k(t)$ を求めると，つぎのようになる（積分定数は 0 とする）。

$$k(t) = at - \frac{b}{2\pi f_v}\cos(2\pi f_v t) \tag{9.13}$$

$k(t)$ を使った周波数変調で，余弦波にビブラートを掛けてみる（**プログラム 9-3**）。

　　　　　　　　　　　　　　　　　　　9.2　周 波 数 変 調　　119

―― プログラム 9-3（複素指数関数表現を用いたビブラートの生成）

```
>> a=440;
>> b=5;
>> fv=4;
>> fs=8000;
>> t=0:1/fs:1;
>> k=a*t-b/(2*pi*fv)*cos(2*pi*fv*t);
>> plot(diff(k)) ❶
>> vib=real(exp(j*2*pi*k));
>> soundsc(vib,fs)
```

6.2 節で述べたように，離散データの場合，差分は微分の近似と見なせるので，
diff を用いている（❶）。k が正しく計算できていれば，❶ のプロットは意図
通りに正弦波のような形になる。

9.2.3　任意の音の周波数変調

　任意の音（録音した音など）を周波数変調する方法を考える。式 (9.11) に基
づくと，f_1 Hz から f_2 Hz まで 1 秒間で変化させる場合には，式 (9.14) のよ
うになる（式が見にくくなるので，e^x を $\exp(x)$ と書く）。

$$
\begin{aligned}
\exp\{j(2\pi k(t))\} &= \exp\left\{j2\pi\left(\frac{f_2-f_1}{2}t^2+f_1t\right)\right\} \\
&= \exp\left\{j2\pi f_1\left(t+\frac{f_2-f_1}{2f_1}t^2\right)\right\}
\end{aligned}
\tag{9.14}
$$

f_1 がわかっていれば，この式をそのまま使える。しかし任意の音の場合，f_1 が
わからない場合も多い。しかし，そのような場合も，元の音の m 倍まで変化
させるという条件で変調すればよい，という場合には，式 (9.14) に $f_2 = mf_1$
を代入して，つぎのように書き換えればよい。

$$
\exp\left\{j2\pi f_1\left(t+\frac{m-1}{2}t^2\right)\right\}
\tag{9.15}
$$

正弦波の式を t の関数 $y(t)$ である，と見ると

$$
y(t) = \exp(j2\pi f t)
\tag{9.16}
$$

である。式 (9.15) は，式 (9.16) の右辺の t が t 以下の関数 $g(t)$ に変わったものである。

$$g(t) = t + \frac{m-1}{2}t^2 \tag{9.17}$$

つまり，$y(t)$ を $g(t)$ で周波数変調するというのは，$y(g(t))$ と書ける。この式は f_1 も f_2 も含んでいないため，m を決められれば，高さがわかっていない音にも適用できる。

ここで，録音した音で基本周波数がよくわからない音を 1 秒間で元の 2 倍になるように変化させる例を考える。

まず，式 (9.17) で，$m = 2$ として具体的に t を $g(t)$ に変えるというのはどういうことかを見てみる（**プログラム 9-4**）。

─────── プログラム 9-4（周波数変調に用いる関数の変化）───────

```
>> fs=20;
>> t=0:1/fs:1;
>> g=t+t.^2/2;
>> plot(t,t,t,g)
>> t(2)
ans =
    0.0500
>> g(2)
ans =
    0.0513
```

g が上にプロットされる。2 点目の値を見てみると，元の $t(2)$ では 0.05 だったのが，$g(t)$ の $g(2)$ では，0.0513 と少し大きくなっている。これは，時刻 0.05 秒で元の信号の 0.0513 秒のときの値を出力するということを意味する。つまり，元の信号より少しずつ速く出力することになる。

● 補　　　間　　自分で信号を一から作るような場合は，元の信号より少し速い値や遅い値をいくらでも計算できる。しかし録音した音の場合は，任意の時刻の点を計算できない。このような場合は，実際にわかっている値でその周辺の値を推定するしかない。つまり，先ほどの例では，$t(2) = 0.05$，$t(3) = 0.1$

9.2 周波数変調　　*121*

となるので，時刻 0.0513 秒に対応するデータは元々存在せず，計算して求めなければならない。

そのようなときに利用できる方法に**補間**がある。最も簡単な補間は，近くの点を直線で結んで，その直線上に必要な点があるとして計算する**線形補間**である。

例えば，y という関数が $x = 0$ のときに 3，$x = 1$ のときに 5 という値であるとわかっているとする。このときに，$x = 0.5$ のときの値が知りたいとする。この場合，$(x, y) = (0, 3), (1, 5)$ を結ぶ直線の式を求めて，その直線上で，$x = 0.5$ のときの y の値を計算すればよい。

このような補間を計算する関数が interp1 である。

```
>> x=[0 1];
>> y=[3 5];
>> x1=[0 0.5 1];
>> interp1(x,y,x1)
```

実行すると，$x = 0.5$ に対応する値がわかるはずである。

この interp1 を利用して，任意の音を 1 秒間で元の 2 倍の周波数にする（2秒だと 4 倍というように，どんどん高くする）のが，**プログラム 9-5** のスクリプトである。

───────── プログラム 9-5 （任意の音の周波数変調）─────────
```
>> [y,fs]=audioread('a-.wav');
>> t=0:1/fs:(length(y)-1)/fs;
>> g=t+t.^2/2; ❶
>> g=g(1:find(g>t(end),1,'last')); ❷
>> mody=interp1(t,y,g);
>> soundsc(mody,fs)
>> spectrogram(mody,hann(512),256,512,fs,'yaxis')
>> figure; spectrogram(y,hann(512),256,512,fs,'yaxis')
```

式 (9.17) から明らかなように，g は t より速く増える。したがって，ここで生成される信号は，元の信号より短くなる。❶ で生成している g は長すぎて，途中で対応する y の値がなくなってしまう。そこで，❷ で実質的な長さが同じに

なるようにしている。

つぎに，時間軸を時間の関数で変化させて，任意の音にビブラートを掛ける例を考えてみる。

まず，式 (9.13) を式 (9.15) のように時間の関数と見なせるように変形する。

$$y(t) = ah(t) = at - \frac{b}{2\pi f_v}\cos(2\pi f_v t)$$
$$= a\left\{t - \frac{b}{a}\frac{1}{2\pi f_v}\cos(2\pi f_v t)\right\}$$
$$h(t) = t - \frac{p}{2\pi f_v}\cos(2\pi f_v t) \tag{9.18}$$

ただし $p = b/a$ とする。この式も a, b を含んでいないため，高さに対して相対的な幅（高さの p 倍分上下する）で周波数変調すればよい場合には，高さがわからなくても適用できる。

この関数 $h(t)$ について具体的に，$f_v = 4$, $p = 0.4$, $a = 5$ としてプログラム 9-4 と同様に t と $h(t)$ を比較してみる。すると，$h(t)$ は t より遅れたり進んだりしていることがわかる。

$\cos(2\pi at)$ を用いて，この $h(t)$ の効果を確かめる。上記の条件で $\cos(2\pi at)$ の t を $h(t)$ で置き換えた $\cos(2\pi ah(t))$ を 1 秒分生成してプロットすると，図 9.1 のようになる。

余弦波が少し歪んでいることがわかる。グラフを拡大して，元の余弦波 $\cos(2\pi at)$

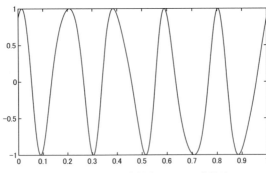

図 9.1 $h(t)$ で周波数変調された余弦波

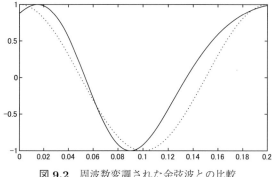

図 9.2　周波数変調された余弦波との比較

と重ねてプロットし，どのように歪んでいるかを観察してみる（図 9.2）。

実線のグラフが元の波であり，点線のグラフが変調したものである。0.06 秒までは点線の方が遅れているが，徐々に遅れが小さくなり，0.06 秒から 0.18 秒までは逆転して点線の方が進んでいる。

このようになる理由は，式 (9.18) に着目すればわかる。$h(t)$ は t から cos を引いた形になっている。つまり，t より cos の分だけ少し前後する時間の値を時刻 t のときに出力する，ということである。これは時刻が歪んでいる，と見なすこともできる。つまり，t を $h(t)$ で置き換えることで，元々は均一の時間間隔で作られた波形の時間軸の間隔を，時間により変化させて周波数変調を実現する。

このような $h(t)$ による変調も interp1 をうまく利用すると実現でき，高さがあるような任意の信号にビブラートを掛けることができる（章末問題【9】）。

章　末　問　題

【1】　440 Hz の余弦波を 1 秒間かけて 220 Hz に変化させるチャープ信号を生成せよ。ただし，瞬時周波数は直線的に変化するようにせよ。

【2】　220 Hz の余弦波を 1 秒間かけて 440 Hz に変化させるチャープ信号を生成せよ。ただし，瞬時周波数が時間の 2 次関数に従って図 9.3 のような形で変化するようにせよ。

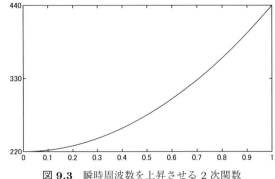

図 **9.3** 瞬時周波数を上昇させる 2 次関数

【3】 440 Hz の余弦波を 1 秒間かけて 220 Hz に変化させるチャープ信号を生成せよ。ただし，瞬時周波数が時間の 2 次関数に従って図 **9.4** のような形で変化するようにせよ。

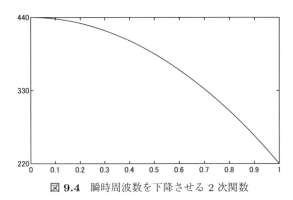

図 **9.4** 瞬時周波数を下降させる 2 次関数

【4】 【3】のチャープ信号を MATLAB 関数の `chirp` を利用して作成せよ。

【5】 交通信号機（道路にある信号）では，歩行者用の信号が青であることを視覚障害者に知らせるために，誘導音を鳴らすことがある。最近は，この誘導音はある程度統一されている。その中の一つである「ぴよ」という鳴き声に似ている音響について考えてみる。この信号は，じつはチャープ信号で実現できる。「ぴよ」は 4 000 Hz で開始し，0.05 秒で 2 000 Hz まで下がって，その後，音が途切れる。「ぴよ」を生成してみよ。

【6】 440 Hz の余弦波を 1 秒間に 8 回の正弦波で 10 Hz 上下するように変調せよ。

【7】 つぎの式で周波数変調することで，多くの周波数成分を持つ複雑なスペクトルを生成する方法がある。

$$y = A\sin(2\pi Ct + \beta\sin(2\pi Mt)) \tag{9.19}$$

M（式 (9.12) の f_v にあたる）を大きくしていくと，ビブラートのように聞こえるのではなく，音声が変化したように聞こえるようになっていく。まったく異なる音になるまで M を大きくして，どのような条件でどのような音が生成されたかを示せ。また生成した音の時間波形とスペクトルを観察せよ。この M を大きくしたときに起きる現象を利用したのが，シンセサイザーなどに利用される FM 音源である。

【8】(1) 自分で録音した音を 1 秒間で元の 3 倍の高さになるようなプログラムを作成せよ。

(2) 実際に録音した音に周波数変調を掛け，その結果をスペクトログラムで観察せよ。

(3) その結果から，なぜ，この方式で問題なく音の高さを変化させることができるかを説明せよ。

【9】自分で録音した音にビブラートを掛けるプログラムを作成せよ（ヒント：プログラム 9-5 の関数 g を式 (9.18) に変更する）。

10 画像の幾何学的処理

衛星画像を地図に重ね合わせたり，山頂などで方向を変えて撮った写真をつなぎ合わせてパノラマ写真を作ったりするとき，特に縁の方では写真がそのままでは重ならないことがある。カメラのレンズ系に歪みがない場合，被写体と写真の間にはある物理的な過程が存在しているので，それを解析したうえで変換すると，全体を一度に重ね合わせることができる。このような処理を効率的・高精度に実現するのが幾何学的処理である。また，幾何学的処理は，画像や映像を加工するときにも利用できる。

キーワード 回転，平行移動，同次座標表現，変換，行列，拡大，縮小，アフィン変換，デローネイ三角分割

10.1 　2次元平面上の回転

2次元平面の点 $X(x, y)$ を，原点を中心に反時計回りに角度 θ だけ**回転**させて点 $U(u, v)$ に変換する式は，以下の通りである。

$$
\begin{bmatrix} u \\ v \end{bmatrix} = \begin{bmatrix} \cos\theta & -\sin\theta \\ \sin\theta & \cos\theta \end{bmatrix} \begin{bmatrix} x \\ y \end{bmatrix} \tag{10.1}
$$

MATLAB ではつぎのように変換できる。

```
>> x=[1;2];
>> t=pi/4;
>> A=[cos(t) -sin(t); sin(t) cos(t)];
>> u=A*x ❶
```

```
  u =
    -0.7071
     2.1213
>> plot([0 x(1)],[0 x(2)],'o:'); hold on  ❷
>> plot([0 u(1)],[0 u(2)],'ro:','MarkerFaceColor','r'); hold off  ❸
>> axis equal  ❹
```

x は，要素数 2 の列ベクトルであり，**変換行列** A は，2×2 の行列である．「*」は，❶ では行列の積を計算する．❷ では，$(1,2)$ に白抜きの丸印「○」で x をプロットしている．この「○」を回転させるので，回転した角度がわかるように，原点と x を点線で結ぶ．❸ では，塗りつぶされた丸印「●」で u をプロットしている．❹ の axis はプロットの軸を操作する関数である．引数の equal は，x，y 軸のスケールが同じになるようにしている．このスケールは，通常はプロットされるデータによって自動的に決まるので，たいていの場合，x，y 軸のスケールが異なる．プロットした結果を見ると，元の点 x が反時計回りに $\pi/4$，つまり 45° 回転した位置に移動したことがわかる（図 **10.1**）．

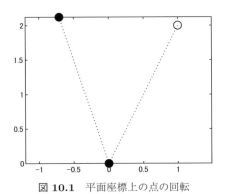

図 **10.1** 平面座標上の点の回転

画像データを変換する場合は，変換後に対応する位置に画素がないこともある．そのような場合は，9.2.3 項で説明した補間処理によって，変換後の画素の位置や値を推定する必要がある．

とりあえず，線形補間を行う前提で三角形の頂点を回転させるプログラムを用いて，三角形を回転させる処理のイメージを見てみる．

128   10. 画像の幾何学的処理

```
>> t1(1,:)=[0 -1 1];
>> t1(2,:)=[2 -1 0];
>> t2=A*t1;
>> triplot([1 2 3],t1(1,:),t1(2,:),':'); hold on
>> triplot([1 2 3],t2(1,:),t2(2,:)); hold off
>> axis equal
```

triplot は三角形をプロットする関数である。第 2 引数で三角形の頂点の x 座標を指定し，第 3 引数で y 座標を指定する。第 1 引数は，第 2, 3 引数のインデクスを指定して三角形を定義する。この例では，$(0, 2)$, $(-1, -1)$, $(1, 0)$ を頂点とする三角形の頂点を回転移動させ，その間を直線でプロットしているため，三角形が三角形に変換されている。しかし回転は，線形変換で，同一直線上の点は同一直線上に変換されるので，三角形を構成するすべての点を回転行列で変換した結果も同一の結果となる。

MATLAB で画像データを回転させる関数に imrotate がある。ここでは，5.1 節などで用いた building-1081868_640.jpg を例に説明する（**プログラム 10-1**）。

─────── プログラム 10-1（imrotate の利用例）───────

```
>> C=imread('building-1081868_640.jpg');
>> imageViewer(imrotate(C,30))
```

imrotate の第 2 引数は「度（degree）」で角度を指定する。この関数は，指定された角度の分，反時計まわりに回転させる。90° の整数倍でない角度に回転させると，画像が長方形でなくなってしまう。したがって，この例では，元の画像の外側の部分は黒い画素で埋めることで対応している。

10.2 ２次元平面上の平行移動

点 $X(x, y)$ を $(-1, -1)$ だけ**平行移動**して点 $U(u, v)$ に変換する。式 (10.2) のように書ける。

$$u = x - 1, \quad v = y - 1 \tag{10.2}$$

これを行列を用いて書くと，式 (10.3) のようになる。

$$\begin{bmatrix} u \\ v \end{bmatrix} = \begin{bmatrix} 1 & 0 & -1 \\ 0 & 1 & -1 \end{bmatrix} \begin{bmatrix} x \\ y \\ 1 \end{bmatrix} \tag{10.3}$$

この式のように，点 $X(x, y)$ の座標を $(x, y, 1)$ のように表す表現を**同次（斉次）座標表現**と呼ぶ。

10.3 同次座標表現を用いた変換

線形変換は行列で表せるので，変換の組み合わせを行列の掛け算で表現できると便利である。そのためには，変換後も同次座標表現となる必要があり，変換行列を式 (10.4) のように 3×3 行列にしなければならない。

$$\begin{bmatrix} u \\ v \\ 1 \end{bmatrix} = \begin{bmatrix} 1 & 0 & -1 \\ 0 & 1 & -1 \\ 0 & 0 & 1 \end{bmatrix} \begin{bmatrix} x \\ y \\ 1 \end{bmatrix} \tag{10.4}$$

同次座標表現を用いて回転を表現すると，式 (10.5) となる。

$$\begin{bmatrix} u \\ v \\ 1 \end{bmatrix} = \begin{bmatrix} \cos\theta & -\sin\theta & 0 \\ \sin\theta & \cos\theta & 0 \\ 0 & 0 & 1 \end{bmatrix} \begin{bmatrix} x \\ y \\ 1 \end{bmatrix} \tag{10.5}$$

θ 回転させて (a, b) だけ平行移動する変換は，式 (10.6) となる。

$$\begin{bmatrix} u \\ v \\ 1 \end{bmatrix} = \begin{bmatrix} 1 & 0 & a \\ 0 & 1 & b \\ 0 & 0 & 1 \end{bmatrix} \begin{bmatrix} \cos\theta & -\sin\theta & 0 \\ \sin\theta & \cos\theta & 0 \\ 0 & 0 & 1 \end{bmatrix} \begin{bmatrix} x \\ y \\ 1 \end{bmatrix} \tag{10.6}$$

回転行列の左側から平行移動の変換行列を掛けることで，変換が合成される。式 (10.7) は**縮小・拡大**処理を表す。

$$
\begin{bmatrix} u \\ v \\ 1 \end{bmatrix} = \begin{bmatrix} \alpha & 0 & 0 \\ 0 & \beta & 0 \\ 0 & 0 & 1 \end{bmatrix} \begin{bmatrix} x \\ y \\ 1 \end{bmatrix} \tag{10.7}
$$

x 軸方向に α 倍，y 軸方向に β 倍される。$\alpha, \beta > 1$ なら拡大，$0 < \alpha, \beta < 1$ なら縮小される。

MATLAB で同次座標表現を用いて画像を変換する関数に imwarp がある。この関数は第 2 引数によって定義される変換を行う。この引数は，MATLAB の**幾何学変換オブジェクト**をとる。affine2d で利用する行列は，ここまで説明した行列を転置したものになっている。例えば，θ 回転させる行列はつぎのようになる。

$$
\begin{bmatrix} u & v & 1 \end{bmatrix} = \begin{bmatrix} x & y & 1 \end{bmatrix} \begin{bmatrix} \cos\theta & \sin\theta & 0 \\ -\sin\theta & \cos\theta & 0 \\ 0 & 0 & 1 \end{bmatrix} \tag{10.8}
$$

この行列を用いて変換する例を示す。

```
>> th=pi/6;
>> A=[cos(th) -sin(th) 0; sin(th) cos(th) 0; 0 0 1];
>> tform=affinetform2d(A);
>> imageViewer(imwarp(C,tform))
```

imrotate と同様，元画像の全体を含んだ矩形の画像を作成するため，元の画像の外側の部分は，黒い画素で埋めて対応している。

10.4 アフィン変換

ここまでに紹介したような線形変換は，次式で一般的に表せる。

$$
\begin{bmatrix} u & v & 1 \end{bmatrix} = \begin{bmatrix} x & y & 1 \end{bmatrix} \begin{bmatrix} a & d & 0 \\ b & e & 0 \\ c & f & 1 \end{bmatrix}
\tag{10.9}
$$

このような変換を**アフィン変換**と呼ぶ。

　この式をつぎのように表す。ただし，本節では，点を表すベクトルは行ベクトルとなっていることに注意せよ。

$$
U = XA
\tag{10.10}
$$

　式 (10.10) に基づいて，対応する X と U を与えて変換行列 A の係数を計算する方法を考える。つまり，変換前，変換後の画像が与えられて，対応する数組の座標がわかれば，変換行列 A を推定できる。

$$
XA = U
\tag{10.11}
$$

左から X' を掛ける。

$$
X'XA = X'U
\tag{10.12}
$$

さらに左から $(X'X)$ の逆行列を掛ける。

$$
A = (X'X)^{-1}X'U
\tag{10.13}
$$

ここで，W' は W の転置を表し，W^{-1} は W の逆行列を表す。

　式 (10.13) に基づいて対応点から係数を計算するプログラムは，つぎのようになる（図 **10.2**）。

```
>> C=imread('estimate_trans_building.png');
>> T=rgb2gray(C);
>> imageViewer(T)
>> I=imread('building-1081868_640.jpg');
>> u=[1027 465 1; 1192 394 1; 1059 368 1]; ❶
>> x=[306 355 1; 382 378 1; 378 288 1]; ❷
>> A=inv(x'*x)*x'*u ❸
A =
```

```
       1.7473   -1.0356        0
       1.4001    0.3349   0.0000
      -4.7258  662.9887   1.0000
>> A(1,3)=0; A(2,3)=0; A(3,3)=1;  ❹
>> tform=affinetform2d(A');
>> T2=imwarp(I,tform);
>> imageViewer(T2)
```

図 10.2 変換に用いた対応点

estimate_trans_building.png は builing-1081868_640.jpg をアフィン変換した画像だとする。ここでは，対応点として，中央の窓の隅の座標のうち左上以外の三つを使っている（図 10.2 の白丸の部分）。❶ の u は，変換後，つまり estimate_trans_building.png の中央の窓の座標の同次座標表現である。❷ の x は，変換前の中央の窓の座標である。❸ が式 (10.13) である。inv は，逆行列を求める関数である。このプログラムでは，imwarp で推定した変換行列を確認している。❹ は affine2d のエラーを避けるための処理である。

MATLAB では，方程式 (10.10) を演算子「\（windows では「¥」）」を用いて直接解くこともできる。

```
>> tform2=affinetform2d((x\u)');
>> T3=imwarp(I,tform2);
>> imageViewer(T3)
```

fitgeotrans 関数を用いると，対応点から変換行列の係数を推定できる。

10.6 複雑な形状の変換　　133

```
>> tform3=fitgeotrans(x(:,1:2),u(:,1:2),'affine');
>> T4=imwarp(I,tform3);
>> imageViewer(T4)
```

対応点については，座標だけ与えればよいので，x, u の同次表現の 1 の部分は
除去している。

10.5　射　影　変　換

　遠近法のように遠くが小さくなるような変換には**射影変換**を用いる。そのた
めの関数は projective2d であり，3×3 の変換行列を与えると変換できる。

```
>> M=[1 0 0; -0.5 1 -0.001; 213 0 1];
>> tform4=projective2d(M);
>> P=imwarp(I,tform4);
>> imageViewer(P)
```

10.6　複雑な形状の変換

　点で指定された領域を三角形の領域に分割する方法に**デローネイ三角分割**と
いう方法がある。MATLAB では delaunay という関数で実行できる（**プログ
ラム 10-2**）。

―――――――― プログラム **10-2**（delaunay の利用例）――――――――

```
>> x=rand(1,16)*256;
>> y=rand(1,16)*256;
>> scatter(x,y)
>> tri=delaunay(x,y);
>> hold on; triplot(tri,x,y);
```

このように delaunay を用いると，隣接する点から自動的に三角形の領域が推
定できる。

134   10. 画像の幾何学的処理

対応点が 3 組あればアフィン変換を決定できるので，この関数を用いると，同じ対象物を観測した 2 枚の画像を精度よく重ね合わせられる。それにより，ステレオ視や時間変化領域の抽出，モーフィングなどさまざまな処理が可能となる。

そこで，10.2 節で作成したような三角形の領域を重ね合わせたい画像の対応する点に関してそれぞれ作成する。つぎに，対応する三角形どうしでそれぞれアフィン変換を行うと，画像の歪んだ対応を示す関数を三角形のアミで近似するような効果が得られる。その結果，全体としては高精度の重ね合わせが可能となる。

対応する点を指定して，画像を重ね合わせる例を示す。

```
>> b1=imread('DSCF6600_normal.JPG');
>> b2=imread('DSCF6601_smile.JPG');
>> imageViewer(b1);
>> imageViewer(b2);
```

b1，b2 は同一人物の顔と笑顔の画像（サポートサイトでダウンロード可能）である。b1，b2 を並べて表示し，対応する点の座標をとった例を**表 10.1** に示す。

つぎに，これらを対応点対として重ね合わせてみる（**プログラム 10-3**，cpp_face.

表 10.1　二つの顔画像の対応点

場　所	b_1		b_2		場　所	b_1		b_2	
左目頭	2 186	1 590	2 191	1 611	口右	2 692	2 409	2 761	2 358
左目	2 023	1 548	2 022	1 554	顎先	2 332	3 057	2 349	3 111
左目尻	1 768	1 576	1 758	1 583	首左	1 667	2 868	1 667	2 870
右目頭	2 583	1 619	2 573	1 621	首右	3 014	2 884	3 001	2 890
右目	2 743	1 577	2 735	1 590	肩左	1 545	3 391	1 539	3 402
右目尻	2 992	1 622	2 975	1 618	肩右	3 186	3 411	3 175	3 426
鼻の頭	2 398	1 932	2 394	1 966	耳下左	1 485	2 325	1 456	2 321
鼻穴左	2 218	2 046	2 171	2 041	耳上左	1 352	1 691	1 336	1 704
鼻穴右	2 576	2 053	2 590	2 048	耳下右	3 228	2 350	3 225	2 342
鼻左	2 130	2 023	2 085	1 976	耳上右	3 367	1 776	3 335	1 781
鼻右	2 626	2 019	2 657	1 985	額左	1 709	822	1 692	837
口左	2 063	2 410	1 960	2 326	額右	2 976	1 016	2 957	1 020
口中央	2 380	2 346	2 362	2 289	頭上	2 479	343	2 463	347

10.6 複雑な形状の変換 135

csv は，表 10.1 のデータを CSV 形式で保存したファイルである）。

―――――― プログラム 10-3（対応点対を用いた重ね合わせ）――――――

```
>> p=readmatrix('cpp_face.csv'); ❶
>> x=p(:,1:2);
>> u=p(:,3:4);
>> tri=delaunay(x);
>> trj=delaunay(u);
>> imshow(b1); hold on
>> triplot(tri,x(:,1),x(:,2));
>> figure; imshow(b2); hold on
>> triplot(trj,u(:,1),u(:,2));
>> tform5=fitgeotrans(u,x,'pwl'); ❷
>> J=imwarp(b2,tform5);
>> imageViewer(J)
```

❶ の csvread は CSV ファイルからデータを読み込む関数である。fitgeotrans
関数は，第 3 引数に'pwl'を指定することで，コントロールポイントと呼ばれ
る対応点で定義される小領域ごとのアフィン変換を推定する（❷）。このプログ
ラムでは，b_2 の画像を対応点に従って変換している。つまり，b_2 を b_1 に重ね
られるように変換している。

　この変換の重なり具合を評価するため，両方の画像をカラー合成する。

```
>> c(:,:,1)=uint8(histeq(rgb2gray(b1)));
>> c(:,:,2)=uint8(rgb2gray(b1));
>> c(:,:,3)=uint8(rgb2gray(J));
>> imageViewer(c);
```

histeq はコントラストを調整する関数である。この例では，重なっていない
のは，まぶたのところと頬のところ程度で，対応点として指定したところはよ
く重なっていることがわかる。

　また，imshowpair を用いても似たことはできる。

```
>> imshowpair(b1,J)
```

136　　10. 画像の幾何学的処理

章 末 問 題

【1】 プログラム 10-1 では，imrotate は画像データの大きさを変えてしまう。
imrotate を用いて，元の大きさと同じで $\pi/6$ 回転した画像を作成せよ（ヒント：オプションを設定すれば簡単に実現できる）。

【2】 点 (x, y) を $(x + my, y)$（ただし，m は定数）に変換したり，$(x, mx + y)$ に変換したりする処理を**せん断**と呼ぶ。この処理を実現する行列を作り，適当な画像を変換せよ。そのうえで，せん断とはどのような変換なのか考察せよ。

【3】 つぎの行列は，垂直方向に**反転**させるアフィン変換である。

$$\begin{bmatrix} 1 & 0 & 0 \\ 0 & -1 & 0 \\ 0 & 0 & 1 \end{bmatrix} \tag{10.14}$$

この式を参考に，水平方向に反転させるアフィン変換を実現して，適当な画像を変換せよ。

【4】 つぎの MATLAB 式で設定できる行列を用いたアフィン変換は，どのような変換か。何度か試して考察せよ。

```
[rand(2)*2-ones(2) [0;0]; 0 0 1]
```

【5】 サポートサイトにある画像 ex_affine.jpg は，building-1081868_640.jpg をアフィン変換したものである。変換行列の係数を推定せよ。

【6】 サポートサイトにある画像 b004.pgm は，歪んでしまった QR コードである。この QR コードを射影変換を用いて正方形に修正せよ（ヒント：QR コードが正方形に変換されるような射影変換の変換行列の係数を推定すればよい）。

【7】 二つ以上の変換を組み合わせて，適当な画像のアフィン変換を行え。

【8】 画像の中心からの距離に比例するような回転角を与えた画像を作成せよ（ヒント：画像の中心を中心とするリング状の領域を考え，その領域内では同じ角度だけ回転させるようにする。リング状領域に分解して，それぞれ回転させた後統合する。リング状領域の分割数を大きくすると，連続的に変化するように見える）。

　このヒントに基づいて function Q=spiral(X,n,t)（ただし，X は元の画像，n はリング状領域の数，t は 1 リング当りの回転角で単位は〔°〕）を作成して実行すると，**図 10.3** のような画像が得られる（図 (a) はサポートサイトにある画像 facade-828984_640.jpg）。

(a) 元画像 X　　(b) spiral(X, 200, 0.5)　　(c) spiral(X, 200, 1)

図 **10.3**

【9】 プログラム 10-3 では，手動で対応点対を選択し，その情報を手動で行列として入力し，重ね合わせを行った。自分なりの画像（対）を選び，重ね合わせを行え。MATLAB には，画像対の対応点を選ぶ作業を補助する関数 `cpselect` が用意されているので，それを使ってもよい。また，対応点の位置を相互相関を用いて自動調整する関数 `cpcorr` も用意されている。

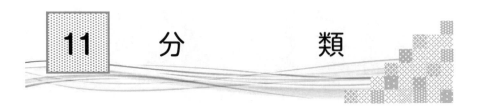

11 分類

　データ処理では，さまざまな局面でなんらかの対象を適当なグループに分類する処理が多用される。MATLAB では，それらの分類処理を簡単に利用できる Statistics and Machine Learning Toolbox が用意されている。Toolbox の関数を用いた分類処理を紹介する。

キーワード　　特徴，特徴量，特徴空間，短時間エネルギー，零交差，分類，k 最近傍分類，多次元正規分布，最尤法，平均，分散

11.1　特徴量

　音声や画像の応用技術では，**分類**処理が多用される。例えば，音声認識とは入力の音声データのどの領域が，どの音韻（日本語では，「か」を子音と母音に分けると /k/ と /a/ という音がある。この単位が音韻）であるかを認識する処理である。このためには，どこかの段階で音を音韻に分類できるような処理が必要になる。このように，分類処理は，クラスタリング（自動的な分類），認識だけでなく，変換や生成，合成などにもさまざまな局面で利用される。

　そのような処理のときに，グループを区別するために有効な手がかりは分類の対象によって変わることが多い。したがって，そのような「手がかり」を抽出する処理が必要となる。この「手がかり」を**特徴量**と呼ぶ。音声処理や画像処理では数々の特徴量が利用される。

11.1.1 短時間エネルギー

一般に音を録音すると，音がある部分とそうでない無音の部分ができる。音がある部分だけを抽出する処理は多用される。図 11.1 は「南（みなみ）」という単語を録音したデータ minami16.wav の「南」の冒頭部分を拡大して表示したものである。

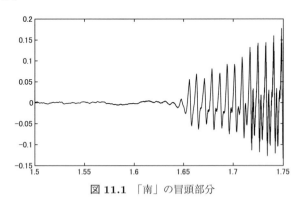

図 11.1 「南」の冒頭部分

1.63 秒あたりから /m/ という音韻が始まっている。このように音のある部分は変位が大きくなる。変位が大きいことを反映する特徴量として**短時間エネルギー**（フレームごとの**エネルギー**）が挙げられる。

入力音声 x の第 n フレーム $F[n]$ の短時間エネルギーは，つぎの式で計算できる。

$$E_n = \sum_{m=nS+1}^{nS+N} (x[m])^2 \tag{11.1}$$

ただし，S はフレームシフト，N はフレーム長である。サンプリング周波数 16 kHz の minami16.wav に対して，フレーム長 512 点（フレームシフト 256 点）で短時間エネルギーを計算してプロットしたのが図 11.2 である（章末問題【1】）。

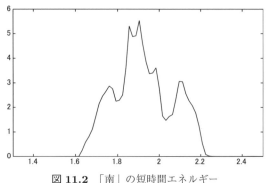

図 11.2 「南」の短時間エネルギー

11.1.2 零 交 差

音韻はさまざまな発声方法で発声されるので，短時間エネルギーだけでは十分に特徴をとらえられない音韻があることがわかっている。つぎの図 11.3 は「北（きた）」という単語の冒頭部分を拡大したものである。

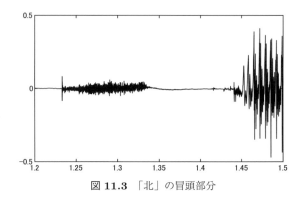

図 11.3 「北」の冒頭部分

1.23 秒あたりから /k/ という音韻が始まっている。このように，/k/ という音韻はそれほどエネルギーが大きくない。しかし，無音の部分に比べると小刻みに振動している。このような特徴をフレームごとに簡単にとらえる特徴量としてよく使われるのが，フレーム内で時間信号の符号が何回変化するかを表す**零交差**（zero cross）である。

正弦波は 1 周期に 2 回符号が変化する。したがって，例えば，100 Hz の正弦

波は 10 ms では 2 回符号が変化する。この零交差はつぎの関数 zcr で計算できる（プログラム 11-1）。

―――― プログラム 11-1（零交差関数）――――

```
function zc = zcr( y, tau, fs )
sz=size(y);
if sz(1) > 1 && sz(2) > 1
    len=sz(1);
else
    len=length(y);
end
sc=len/fs/tau;
zc=sum(abs(diff(sign(y))))/2/sc;  ❶
end
```

この関数はサンプリング周波数 dfs の データ y に対して tau 秒間の零交差を計算する。❶ の sign は**符号関数**と呼ばれる関数で，つぎの式で定義される。

$$\mathrm{sgn}(x) = \begin{cases} 1, & x > 0 \\ 0, & x = 0 \\ -1, & x < 0 \end{cases} \tag{11.2}$$

「東」「南」「北」という発話に対して，フレーム長 512 点（フレームシフト 256 点）で 10 ms の零交差をプロットしたのが図 **11.4** である（章末問題【**3**】）。

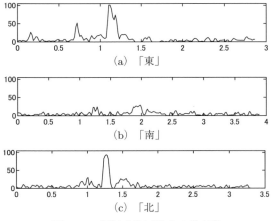

図 **11.4** 「東」「南」「北」の零交差

零交差が大きくなっているのは,「東」の/h/や/sh/,「北」の/k/の部分である。有声音（声帯を振動させる音。母音や子音/m/の部分）や無音（背景雑音）の部分は小さい値になっている。無音の部分でも突発的な雑音によって大きな値になっているところもある。

11.2　k最近傍分類

短時間エネルギーと零交差を用いて，音声ファイルのあるフレームが音声なのかそうでないのかを分類させることを考える。まず，この二つ（2次元）の**特徴空間**（2次元平面）にminami16.wavの音声フレームと前後の無音フレームを散布図としてプロットする（図 11.5, 章末問題【4】）。

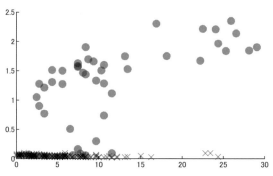

図 11.5　音声フレーム（●）と無音フレーム（×）

エネルギーが小さいところに多くのフレームが集中しているので，y軸を対数にしてみる（図 11.6）。いくつかの点を除くと，●と×の領域は重ならないので，うまく分類できそうである。

このような分類では，別のものとして分類したいグループのことを**カテゴリ**やクラスと呼ぶ。この例のように，手動でカテゴリを分けたデータを用いて分類する手法は**教師付き分類**と呼ぶ。教師付き分類の方法でわかりやすいものの一つに最近傍分類がある。

最近傍分類とは，分類しようとする入力に対し，学習データから近いものを

11.2 k 最近傍分類

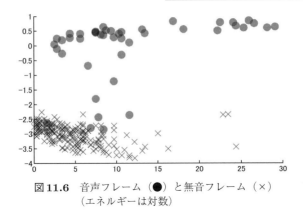

図 11.6 音声フレーム（●）と無音フレーム（×）
（エネルギーは対数）

探し，そのデータのカテゴリであるとして分類する手法である．分類するときに，学習データから近いものを k 個探索して，最も多いカテゴリに分類するのが **k 最近傍分類**である．

MATLAB では，`fitcknn` を用いて学習データから k 最近傍分類を用いた分類器を構築できる（プログラム 11-2）．

――――――― プログラム 11-2（音声データの k 最近傍分類）―――――――

```
>> [m,fs]=audioread('minami16.wav');
>> M=m(frameindex(512,256,length(m)));  ❶
>> Z=zcr(M,0.01,fs);
>> E=log(sum(M.^2,1));
>> dnum=length(Z);
>> snd=100:143;  ❷
>> slc=setdiff(1:dnum,snd);  ❸
>> c=cell(1,dnum);  ❹
>> c(snd)=cellstr('sound');
>> c(slc)=cellstr('silence');
>> Mdl=fitcknn([Z' E'],c,'NumNeighbors',5);  ❺
```

`frameindex` はプログラム 7-2 で作成したものを使用している（❶）．❷で，`snd` にプロット結果とデータを聞き比べて音声であると判断した結果に対応したフレーム番号を代入している．❸では，音声区間でないフレーム番号を求めて `slc` に代入している．`setdiff` は集合の差分をとる関数である．ここでは，データ

144　　11. 分　　　　　　類

全体のフレーム番号から構成される集合を作成し，そこから，音声区間に対応したフレーム番号の集合である snd を引くことによって，音声区間でないフレーム番号の集合 slc を作成している。c はフレームごとのカテゴリ名（silence と sound）を格納するセル配列である（❹）。❺ で fitcknn を用いて k 最近傍分類を行う **ClassificationKNN** クラスのオブジェクトを構築している。この場合は五つの学習データを用いる**分類器**を構築している。

以下のように ClassificationKNN のメソッド `predict` を用いると，この分類器で分類できる。

```
>> pr=predict(Mdl,[Z' E']);
>> sum(strcmp(pr,c)==0)/length(pr)
ans =
    0.0246
```

`strcmp` は文字列を比較し，同一の場合は 1 を返却する関数である。結果が y と異なるデータの数の総和を求め，全データ数で割ることで誤り率を求めている。`[Z' E']` は学習データなので，この場合，学習データに対する誤り率は 2.5% であった。対数をとらない場合を求めてみると，4.1% となったので，この場合は，（対数をとらない）短時間エネルギーより対数短時間エネルギーの方が優れた特徴量であると考えられる。

この分類器を用いて「東」の音声データの分類をした結果，誤り率は 5.6% となった。学習データを用いた分類や認識などの処理では，一般に学習データ自身に対する分類性能は，学習データでないデータに対する性能より高い。この分類器の場合，学習データは「北」なので，「北」に対する性能は高く，それ以外，例えば「東」に対する性能はそれより悪くなる。また一般には，学習データを増やせば，誤り率は改善される。

● **画像データの分類**　　画像データに対しても，適切な特徴量を選べば同じように分類できる。例えば，地表の様子を記録した**衛星画像**を考える。地上の物が固有の分光反射特性（すなわち色）を持つと考える。すると，画素の色が

11.2　k 最 近 傍 分 類　　　145

同じような場合，同じような物であると推定できる。このように分類する場合
は，画素の RGB 値は特徴量と見なせる。この RGB 色空間でも k 最近傍分類
で分類できる。**プログラム 11-3** は長いため，スクリプトを作成することを想
定しているので，コマンドウィンドウのプロンプトは記していない。

――――――― プログラム 11-3（画像データの k 最近傍分類）―――――――

```
B1=imread('20140312_B4.pgm'); ❶
[h,w]=size(B1);
I=zeros(h,w,3);
I(:,:,1)=B1;
I(:,:,2)=imread('20140312_B3.pgm');
I(:,:,3)=imread('20140312_B2.pgm');
imageViewer(uint8(I/max(max(max(I)))*255)*3)
dk=I(103:108,32:35,:); ❷
sl=I(685:689,548:553,:); ❸
sa=I(481:486,988:997,:); ❹
sz_dk=size(dk);
sz_sl=size(sl);
sz_sa=size(sa);
X_dk=reshape(double(dk),sz_dk(1)*sz_dk(2),sz_dk(3)); ❺
X_sl=reshape(double(sl),sz_sl(1)*sz_sl(2),sz_sl(3));
X_sa=reshape(double(sa),sz_sa(1)*sz_sa(2),sz_sa(3));
c_dk=cell(length(X_dk),1);
c_dk(:)=cellstr('dark');
c_sl=cell(length(X_sl),1);
c_sl(:)=cellstr('soil');
c_sa=cell(length(X_sa),1);
c_sa(:)=cellstr('sea');
Mdl=fitcknn([X_dk;X_sl;X_sa],[c_dk;c_sl;c_sa],'NumNeighbors',5); ❻
X=reshape(double(I),h*w,3); ❼
pr=predict(Mdl,X); ❽
R=zeros(h,w); ❾
R(strcmp(pr,'dark'))=80;
R(strcmp(pr,'soil'))=160;
R(strcmp(pr,'sea'))=240;
imageViewer(uint8(R))
```

❶ などの imread で読み込んでいるデータは，衛星画像のバンドごとのデータ
がグレイスケール画像のフォーマットで格納されているものである（ただし，か
なり暗い）。❷ で緑地のカテゴリ dark に対する学習用の領域を，❸ で土色のカ

テゴリ soil に対する学習用の領域を，❹ で海のカテゴリ sea に対する学習用の領域をそれぞれ指定している。❺ などでは，行方向に RGB の次元が並び，列方向には，元の画像の画素を行方向に一列に並ぶようにカテゴリ dark の 3 バンドデータ X_dk を整形している。❻ では fitcknn で分類器を学習している。❼ では，画像 I の画素を学習用の領域と同じように，画素ごとに行となるよう整形している。❽ で画像 I のすべての画素に対し，画素ごとに分類している。❾ 以降で分類結果を可視化している（図 11.7）。濃い灰色が緑地で，薄い灰色が土色，白色が海である。この分類では，右下の海の部分が海岸近くは海と分類されているが，沖は緑地となってしまっていて，うまく分類できていないことがわかる。

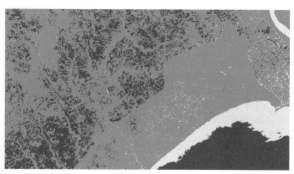

図 11.7　衛星 3 バンド画像の k 最近傍分類による分類結果

11.3　最　尤　法

　音声の特徴量や画像内のある領域における画素の RGB 値は，さまざまな理由により，一定の値をとることはなく，ある値を中心としてばらつく。音声であれば，同じ人が同じ音韻を話そうとしても，口の形や声帯の振動は同じにはならない。11.2 節で取り上げた衛星画像でも，植生であれば，場所による成長速度の違いや照明光の違いで色は変わるし，表面反射の角度特性の違いに基づくばらつきもある。

　したがって，個々のデータの値を問題とするよりデータの母集団を考え，ば

らつきの中心（**平均**）や，ばらつきの程度（**分散**）を問題とした方が，全体の様子を把握するうえでは有効である。さらに，正規分布をはじめとして，分布の形状まで仮定することも多い。

このようにデータの**特徴空間**上の分布形状がモデル化できると，見通しがよくなり，アルゴリズムの開発など問題解決が便利になる。

多次元の特徴空間に対応する**多次元正規分布**を用いてモデル化する方法を紹介する。p 次元データの場合，学習データが N 個あるとする。学習データ $\boldsymbol{x}$ はつぎのように書くとする。

$$\boldsymbol{x_i} = \begin{bmatrix} x_{1i} & x_{2i} & \cdots & x_{pi} \end{bmatrix}' \tag{11.3}$$

ただし，$i = 1, 2, \cdots, N$ である。平均ベクトル $\boldsymbol{\mu}$ はつぎのようになる。

$$\boldsymbol{\mu} = \frac{1}{N} \sum_{i=1}^{N} \boldsymbol{x_i} \tag{11.4}$$

ただし，$\boldsymbol{\mu} = \begin{bmatrix} \mu_1 & \mu_2 & \cdots & \mu_p \end{bmatrix}'$ である。分散共分散行列は，つぎの式で計算できる。

$$\Sigma = \frac{1}{N-1} \sum_{i=1}^{N} (\boldsymbol{x_i} - \boldsymbol{\mu})(\boldsymbol{x_i} - \boldsymbol{\mu})' \tag{11.5}$$

これらを用いてカテゴリをモデル化すると，ある画素 $\boldsymbol{y}$ がカテゴリ k である尤度は，つぎの式で計算できる。

$$p(\boldsymbol{y}|\boldsymbol{\mu_k}, \Sigma_k) = \frac{1}{(2\pi)^{p/2}|\Sigma_k|^{1/2}} \exp\left\{ -\frac{1}{2}(\boldsymbol{x} - \boldsymbol{\mu_k})' \Sigma_k^{-1}(\boldsymbol{x} - \boldsymbol{\mu_k}) \right\} \tag{11.6}$$

ここで $|\Sigma_k|$ は Σ_k の行列式を表す。最も尤度の高いカテゴリに分類する手法が**最尤法**である。

多次元正規分布の確率密度関数を返す MATLAB の関数 mvnpdf を用いて，最尤法による分類を行う例を**プログラム 11-4** に示す。これは，プログラム 11-3 に続けて実行することを想定している。

148   11. 分　　　類

```
────────── プログラム 11-4 （最尤法による分類） ──────────
>> mm_dk=mean(X_dk);
>> mm_sl=mean(X_sl);
>> mm_sa=mean(X_sa);
>> ss_dk=cov(X_dk);
>> ss_sl=cov(X_sl);
>> ss_sa=cov(X_sa);
>> p_dk=mvnpdf(X,mm_dk,ss_dk); ❶
>> p_sl=mvnpdf(X,mm_sl,ss_sl);
>> p_sa=mvnpdf(X,mm_sa,ss_sa);
>> [~,result]=max([p_dk p_sl p_sa],[],2); ❷
>> imageViewer(uint8(reshape(result*80,h,w))) ❸
```

多次元正規分布は，平均ベクトルと分散共分散行列が決まればよい。ここでは，
mm_dk などに平均ベクトルを格納し，ss_dk などに分散共分散行列を格納して
いる。❶ などで，各画素に対する各モデルの尤度を計算している。❷ でそれら
を列ベクトルにし，max で最大となる要素のインデクスを得ている。reshape
を用いて，これを元画像と同じ幅と高さの 2 次元画像にすると，元画像の画素
の分類結果を 1，2，3 の値に置き換えた画像となる。そこで，❸ ではその数に
80 を掛けて，濃さの違いでカテゴリが区別できるようにして可視化している。

　最尤法はデータが正規分布に従うことを仮定している。したがって，実際の
分布が正規分布から外れると分類精度が低下する（章末問題【7】）。また，最
尤法では，分散の小さいカテゴリと大きいカテゴリが共存する場合，分類すべ
きデータが分散の小さなカテゴリの平均ベクトルからずれると，分散の大きな
カテゴリに分類されてしまう。

章 末 問 題

【1】　音声データの短時間エネルギーを計算するプログラムを作成せよ。また，その
　　　プログラムを用いて，適当な音声データの短時間エネルギーをプロットせよ。
【2】　同じ音声に対し，3 種類のフレーム長で短時間エネルギーを計算し，フレーム
　　　長とグラフの形状の関係を考察せよ。
【3】　プログラム 11-1 の関数 zcr を用いて，音声データの零交差をプロットせよ。

章 末 問 題 149

【4】 (1) 適当な音声ファイルを聴取したり，グラフを観察して，音声フレームと無音フレームを区別せよ。

(2) その音声ファイルから零交差と短時間エネルギーを推定し，その二つの特徴量を次元とする 2 次元平面に音声フレームと無音フレームを散布図としてプロットせよ。

(3) 特徴量を対数短時間エネルギーに変更してプロットし，二つの散布図を比較せよ。

【5】 サポートサイトにある kita16.wav のフレームを音声か音声でないか分類せよ（ただし，特徴量にエネルギーだけを用いる場合，エネルギーと零交差を用いる場合の 2 通りの分類を行え）。また，結果について考察せよ。学習には kita16.wav 以外の音声を利用すること。

【6】 適当な画像に対し，適当な学習用の領域を考え，k 最近傍分類を用いて分類せよ。k は適当な値を用いよ。

【7】 プログラム 11-3 とプログラム 11-4 の結果を比較せよ。また，最尤法について考察するために，学習データの分布を調べよ。

【8】 学習データのカテゴリごとに平均ベクトルを求め，各画素の濃度ベクトルとの特徴空間におけるユークリッド距離が最も小さくなるカテゴリに分類する方法を**最短距離法**と呼ぶ。最短距離法は平均ベクトルしか使わないので，学習データの分布の善し悪しに影響されにくいという特長を持つ。逆に，データの分布が正規分布であれば，最尤法に比べて分類の正答率は低下する。

プログラム 11-3 の学習データに基づいて最短距離法で分類せよ。また，結果についてプログラム 11-3，プログラム 11-4 の結果と比較して考察せよ。

【9】 分類の基準となる類似度として，距離ではなく内積が用いられる場合がある。学習データの平均ベクトルを x とし，分類したい対象データを y とする。この二つのベクトルを式 (7.3) に代入すると，式 (11.7) となる。この式が大きくなる x というカテゴリに y を分類する手法が**正規化相関法**である。

$$\frac{(x - \overline{x}) \cdot y}{\|x - \overline{x}\|\|y\|} \tag{11.7}$$

ただし，$\overline{x}$ は x の平均を表す。

プログラム 11-3 の学習データに基づいて，正規化相関法で分類せよ。また，結果についてプログラム 11-3，プログラム 11-4，章末問題【8】の結果と比較して考察せよ。

【10】 教師なしの分類をクラスタリングと呼ぶ。MATLAB には kmeans というクラスタリング関数が用意されている。kmeans を用いて，サポートサイトにある画像 paprika-966290_640.jpg を適当な数にクラスタリングし，結果について考察せよ。

12 音声・画像処理の応用

これまでに取り上げた手法で，具体的な応用課題に挑戦する。

12.1　Wavetable 合成

ディジタル**シンセサイザー**の合成方法に **Wavetable 合成方式**（以下，Wavetable 法と呼ぶ）がある。任意の 1 波長の音のデータをテーブルに格納し，そのデータを組み合わせることで，音色の時間変化などを表現する方法である。これまで学んできた技術を応用して，楽器音を区間に分け，それぞれのデータをテーブルに格納し，それを用いて合成する方法を考える。

12.1.1　ADSR エンベロープ

図 **12.1** は，ピアノの音の時間波形である。

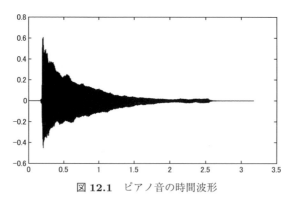

図 **12.1**　ピアノ音の時間波形

この図でも観察できるが，楽器の音は，最初に無音から急激に大きな音量に変化し（attack），大きな音になったら減衰し（decay），その後，キーを押す間や息が続く間持続（sustain）し，最後に余韻（release）がある，という構造として大雑把に近似できる。

また，スペクトログラムを見るとわかるように，発音から時間が経つにつれて，倍音構造が変化していることがわかる（図 **12.2**）。

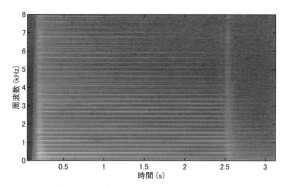

図 **12.2** ピアノ音のスペクトログラム

このような楽器音の変異の変化を四つの直線（指数関数などの場合もある）で近似するのが，**ADSR** エンベロープである。実際の楽器音の ADSR エンベロープを模倣するには，変位の変化を観察しなければならない。上記の波形の絶対値をプロットすると，図 **12.3** のようになる。波形の平均値が 0 でない場

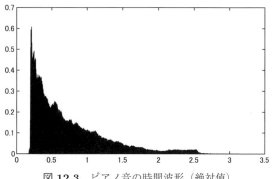

図 **12.3** ピアノ音の時間波形（絶対値）

合は，まず波形データの各点から，平均値を引いておいた方がよい。

ADSR エンベロープを，例えば，図 12.4 に示した 4 本の直線で近似することを考える。この直線の開始時刻などを表 12.1 に示す。

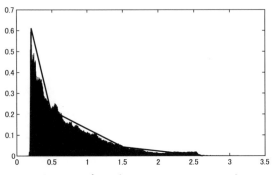

図 12.4　ピアノ音の ADSR エンベロープ

表 12.1　ADSR 区間

	開始	終了	終了時の変位
A	0.19	0.21	0.61
D	0.21	0.48	0.22
S	0.48	1.50	0.044
R	1.50	2.62	0

つぎのようなプログラムを実行すると，ピアノ音を模倣した ADSR をプロットできる。ただし，この 4 本の直線を生成する関数を `adsr1(env)`（章末問題【1】で作成する）とする。また，開始時刻は 0 としている。

```
>> [y,fs]=audioread('piano.wav');
>> env=[0 0.02 0.61;
0.02 0.29 0.22;
0.29 1.31 0.044;
1.31 2.43 0];
>> figure; plot(adsr1(env,fs))
```

つぎのようにすれば，適当な音声データを ADSR エンベロープで振幅変調できる。

12.1 Wavetable 合成 *153*

```
>> ADSR=adsr1(env,fs);
>> sq=square(2*pi*220*(1:length(ADSR))/fs);
>> soundsc(sq.*ADSR,fs)
```

square は，矩形波を生成する関数である．

12.1.2 楽器音からの波形データの抽出

Wavetable 法では，模倣したい音の 1 波長のデータを用いる．そこで，とりあえず，楽器音の適当な部分の 1 周期分を抽出する．そのためには，1 周期分の長さを推定しなければならない．

録音した楽器音の 1 周期の長さを推定する方法はいくつかある．

(1) 楽器音の音高がわかっている場合は，その音高に対応する周波数の値を用いて推定する．

(2) 波形を拡大し，目視で観察して求める．

(3) 自己相関などの方法を用いて推定する．

ここでは，12.1.1 項のピアノ音（サンプリング周波数 44.1 kHz）の A の部分（表 12.1 参照）から目視で 1 周期 204 点分を抽出した．

```
>> a=y(8860:9063);
>> plot(a)
```

この波形を ADSR の長さ程度に繰り返し，上記の矩形波のかわりに用いてピアノ音をシミュレートしてみる．

```
>> nwav=ceil(length(ADSR)/length(a));
>> yy=repmat(a,nwav,1);
>> soundsc(yy(1:length(ADSR)).*ADSR',fs)
```

矩形波に比べると，より元データと似た高さの音が確認できる．

12.1.3 複数のテンプレートを用いた合成

実際の楽器の音は，時間経過につれて音色が変化する．ここでは，簡単にプログラムできるように，ADSRの区間に対応させて変化させる．ADSRの四つの区間から12.1.2項の手法でそれぞれ1周期分を抽出したものをプロットすると，図 **12.5** のようになる．ただし，開始点の位相はすべてほぼ0になるように抽出している．また このプロットでは，絶対値の最大値が1になるように正規化している．区間によって波形が異なることがわかる．

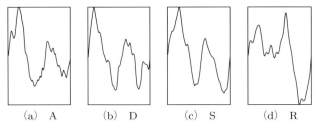

図 12.5 ADSR それぞれの区間の代表的な波形

これらの波形がすべて同じ周期を持っていたとしても，例えば，AからDに遷移する場合に，直接異なる波形をつなごうとすると，なめらかにつながらない場合もある．

そのような場合に，なるべくなめらかにつなぐ手法として，二つの波形を徐々に比率を変化させて足し合わせる手法がある．重なり合うところでは，先行する波形（ここではA）を直線的に減少させ，後続の波形（ここではD）を直線的に増大させる．そのようにして足し合わせると，なめらかに変化する．重なる部分を5周期分の長さだとすると，実際には図 **12.6** のようになる．

ここまでの考え方に基づくと，ADSRエンベロープに合わせて，音源を切り替えて音を合成するMATLAB関数は，つぎのようになる（**プログラム 12-1**）．

───── プログラム **12-1**（Wavetable 合成プログラム）─────

```
function wave = wavetable_synth1( table, env, fs)
[period,ntemplate]=size(table);
nframe1=floor((env(1,2)-env(1,1))*fs/period);
nframe2=floor((env(2,2)-env(2,1))*fs/period);
```

12.1 Wavetable 合成

```
ntrans=min(nframe1,nframe2);  ❶
up=linspace(0,1,ntrans*2*period);  ❷
down=linspace(1,0,ntrans*2*period);  ❸
wave=repmat(table(:,1),nframe1-ntrans,1);
for k=1:ntemplate-2
    pre=repmat(table(:,k),ntrans*2,1).*down';  ❹
    cur=repmat(table(:,k+1),ntrans*2,1).*up';  ❺
    wave=[wave;pre+cur];  ❻
    nframe1=nframe2;
    nframe2=floor((env(k+2,2)-env(k+2,1))*fs/period);
    nframe=min((nframe1-ntrans)*2,nframe2);
    ntrans_prev=ntrans;
    ntrans=floor(nframe/2);  ❼
    up=linspace(0,1,ntrans*2*period);  ❽
    down=linspace(1,0,ntrans*2*period);  ❾
    cur=repmat(table(:,k+1),nframe1-ntrans-ntrans_prev,1);
    wave=[wave;cur];
end
k=k+1;
pre=repmat(table(:,k),ntrans*2,1).*down';
cur=repmat(table(:,k+1),ntrans*2,1).*up';
wave=[wave;pre+cur];
cur=repmat(table(:,k+1),nframe2-ntrans,1);
wave=[wave;cur];
ADSR=adsr1(env,fs);
wave_end=min(length(ADSR),length(wave));
wave=wave(1:wave_end).*ADSR(1:wave_end)';
end
```

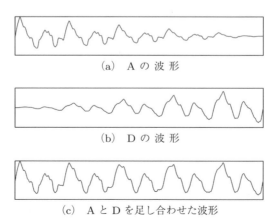

(a) A の波形

(b) D の波形

(c) A と D を足し合わせた波形

図 **12.6** 異なる区間の加算

156   12. 音声・画像処理の応用

このプログラムでは、なるべくなめらかにつなげられるように、A, D, S, R それぞれの区間で、なるべく長い範囲で隣接する区間を混ぜ合わせることにした。そこで、隣接する区間の半分の短い方の長さで混ぜ合わせるようにしている。その長さを指定する変数が ntrans である（❶, ❼）。up, down を重ねる範囲で直線的に減少・増大させる関数である（❷, ❸, ❽, ❾）。❹, ❺ では、up, down で振幅変調を行い、❻ で二つの波形を足し合わせている。

この関数を使うときには、事前に table, env を決めておかなければならない。その場合には、例えば、つぎのように MAT ファイルとして保存しておくと便利である（y には元の楽器音の音声波形が入っている。ここでは、前述のpiano.wav を用いている）。

```
>> waves{1}=y(8860:9063);
>> waves{2}=y(11480:11679);
>> waves{3}=y(23701:23901);
>> waves{4}=y(60025:60224);
>> period=fix(fs/220);
>> table=zeros(period,4);
>> for k = 1:4
table(:,k)=resample(waves{k},period,length(waves{k})); ❶
end
>> table=table-mean(table); ❷
>> table=table./max(abs(table)); ❸
>> soundsc(wavetable_synth1(table,env,fs),fs);
>> save('piano1.mat','table','fs','env') ❹
```

ピアノの音は、弦の振動の影響で基本周波数がゆらぐ。したがって、テンプレートを抽出する部分によって周期が異なることがある。そこで、❶ で周期を統一している。❷ では、平均を 0 にしている。❸ では、絶対値の最大値が 1 になるように正規化している。❹ では、piano1.mat というファイルに変数 table, fs, env の内容を関数 save を使って書き出している。save は第 2 引数で、保存する変数名を指定する。

この piano1.mat ファイルを使うと、以下のようにして楽器音を生成できる。

12.1 Wavetable 合成　　*157*

```
>> load('piano1.mat');
>> soundsc(wavetable_synth1(table,env,fs),fs)
```

関数 load は MAT ファイルの内容を読み込む。

この合成方法では，table に格納する音によって合成する音の質が変化する。また，より細かい音色の変化を表現したければ，区間の数を増やせばよい。

12.1.4　長 さ の 変 更

12.1.3 項の合成音源を利用して演奏を生成するには，長さと高さが変更できなければならない。長さは，wavetable_synth1 の第 2 引数 env を調整することで，変更するのが簡単である。

ここで模倣した ADSR エンベロープの長さは 2.62 秒である。例えば 120 BPM（1 分間に 4 分音符が 120 個のテンポ）の場合，4 分音符の長さは 0.5 秒である。例えば，伸び縮みするのは，S, R の部分であるとして，つぎのような env120_4 を設計し，0.5 秒の音を生成する。なお，wavetable_synth1 の生成方法では，D と S は最低でも 5 周期程度はあった方がプログラミングしやすい。

```
>> env120_4=[0 0.02 0.61;
0.02 0.29 0.22;
0.29 0.40 0.044;
0.40 0.5 0];
>> soundsc(wavetable_synth1(table,env120_4,fs),fs)
```

12.1.5　リサンプルによるピッチの変更

Wavetable 合成では，1 周期分のデータを用いて楽器音を生成する。したがって，このデータの長さで，生成される音程が決まる。MATLAB で音源波形の形を保ちつつ周期を変化させる一番簡単な方法は，resample を利用する方法である。resample では第 2 引数 p，第 3 引数 q のとき，波長は元の p/q の長さになる。

158   12. 音声・画像処理の応用

例えば，つぎのように $p = 1$，$q = 2$，$p/q = 1/2$ とすると，波長が半分に
なるので，元と同じサンプリング周波数で再生することを想定すると，1 オク
ターブ高い音を生成できる（プログラム 12-2）。

─────────────── プログラム 12-2 ───────────────
```
>> table2=resample(table,1,2);
>> soundsc(wavetable_synth1(table2,env,fs),fs)
```

12.2 衛星画像の時間変化領域の解析

衛星に搭載された画像センサは，それぞれ観測目的に応じて，ある特定の波
長帯に感度を持つように作られている。通常の可視光の範囲のほかに，植生や
水の領域でコントラストが得られる近赤外の波長帯や，鉱物の種類を見分ける
ための中間赤外の波長帯，さらには温度計測が可能な熱赤外の波長帯などが使
われている。これらの中から三つの波長帯を選んで，それぞれを赤，緑，青に
見立ててカラー合成すると，波長帯の特徴に応じて特定の対象物がほかとは異
なる色で表現されて，容易に視認できるようになる（このような画像はフォー
ルスカラー画像と呼ばれている）。

時間をおいて，同じ場所を観測した複数枚の衛星画像を使うと，その間に土
地利用がどのように変化したかを調べられる。可視光の波長帯だけでなく近赤
外や中間赤外の波長帯を用いて解析を行うと，植生の減少や急激な都市化といっ
た自然環境の変化の調査に役立つ情報を得ることができる。

解析の手順はつぎの通りである。

(1) 画像の重ね合わせ

(a) コントロールポイントの選定と精度評価

(b) 重ね合わせ

(2) 変化のクラスタリング

(a) 重なった 2 枚の画像を 1 枚の多バンド画像と見なしたクラスタリ
ング

12.2 衛星画像の時間変化領域の解析 *159*

(b) 代表的な変化パターンの選定

(c) 分光特性（色）に基づく土地利用変化の推定

本章では，重ね合わせの部分は省略するが，重ね合わせには，Image Processing Toolbox の cpselect や cpcorr を用いるとよい。

同じ場所を同じサイズで撮影した**多バンド画像**の対応する画素を4バンドずつつなぎ合わせて8バンド画像と見なす。この画像を**クラスタリング（教師なし分類）**する（**プログラム 12-3**，スクリプトファイルを作成して実行することを想定している）。

―― **プログラム 12-3**（k 平均法による季節変化のクラスタリング）――

```
B1=imread('20140312_B4.pgm');
[h,w]=size(B1);
X=zeros(h,w,4);
X(:,:,1)=B1;
X(:,:,2)=imread('20140312_B3.pgm');
X(:,:,3)=imread('20140312_B2.pgm');
X(:,:,4)=imread('20140312_B5.pgm');
Y=zeros(h,w,4);
Y(:,:,1)=imread('20140803_B4.pgm');
Y(:,:,2)=imread('20140803_B3.pgm');
Y(:,:,3)=imread('20140803_B2.pgm');
Y(:,:,4)=imread('20140803_B5.pgm');
imageViewer(uint8(X(:,:,1:3)/max(max(max(X)))*256*3)); ❶
imageViewer(uint8(Y(:,:,1:3)/max(max(max(Y)))*256*3));
Z=double([reshape(X,h*w,4) reshape(Y,h*w,4)]); ❷
[map10,center10]=kmeans(Z,10,'MaxIter',1000); ❸
imageViewer(uint8(reshape(map10*25,h,w))) ❹
```

このプログラムは，ある場所の3月と8月の画像を両方考慮することで，土地利用を推定する例である。X は3月，Y は8月の4バンド画像である。

❶と次行では，4バンドのうち3バンドだけを用いてカラー画像として描画している。❷で8バンド画像を生成し，Z としている。❸で，**k 平均法**を用いてクラスタ数10にクラスタリングしている。kmeans は k 平均法でクラスタリングする関数である。第2引数で，クラスタ数を指定する。|map10|にはクラスタリング結果として各画素を分類した結果のクラスタ番号が，|center10|

にはクラスタの中心が返される．❹で，このクラスタ番号を明るさに対応させたグレイスケール画像として，クラスタリング結果を可視化している．

kmeans は，初期値をランダムに選び，繰り返し計算でクラスタを作成するので，実行するたびに中心も分類結果も変わる．クラスタの中心をプロットして比較する（図 **12.7**）．

```
>> plot(center10')
```

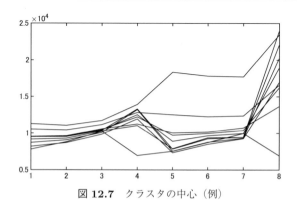

図 **12.7** クラスタの中心（例）

季節に起因する違いが大きいが，X の方が似たような状態が多いことがわかる．第 4 バンド（インデクス 4, 8）がほかの 9 本から大きく離れて小さい値となっているクラスタは，海などの水の部分である．X と Y がどのバンドも異なるものは，水田などである．第 4 バンド以外について X でも Y でもあまり変わらないのは，山の常緑樹の部分である．また，上の 2 本に注目すると，X ではほとんど同じ状態だった場所が，Y では異なる状態になっていることがわかる．

クラスタリングの結果を観察してみる．例えば，クラスタ番号 1 の結果を表示するには

```
>> imageViewer(reshape(map10==1,h,w))
```

12.2 衛星画像の時間変化領域の解析 *161*

とすればよい。map10==1 は，クラスタ番号 1 のときだけ 1 となり，それ以外
は 0 となる。したがって，クラスタ番号 1 の部分だけが白くなる 2 値画像とし
て可視化することになる。

　kmeans を用いると，実行するたびに結果は変わる。結果として得られるク
ラスタはおおむね同じであっても，クラスタ番号は変わることに注意が必要で
ある。そこで，サンプルと近いクラスタを表示するためにサンプルのクラスタ
中心のデータを用意した。そのデータに基づき，サンプルと近いクラスタを表
示して観察してみる（**プログラム 12-4**）。

──────── プログラム **12-4**（クラスタの観察）────────

```
>> load('sample_center.mat'); ❶
>> [~,index1]=sort(vecnorm((center10-sample_center(1,:))')); ❷
>> imageViewer(reshape(map10==index1(1),h,w)) ❸
>> [~,index2]=sort(vecnorm((center10-sample_center(2,:))'));
>> imageViewer(reshape(map10==index2(1),h,w))
>> [~,index3]=sort(vecnorm((center10-sample_center(3,:))'));
>> imageViewer(reshape(map10==index3(1),h,w))
```

❶ で，サポートサイトからダウンロードした MAT ファイルをロードすると，三
つのサンプルの中心が sample_center という変数にロードされる。❷ などで
は，クラスタリングの結果として得られた中心 center10 の中から，サンプル
にユークリッド距離が最も近いクラスタを探している。vecnorm で center10
のすべての中心に対するユークリッド距離を求め，sort 関数でユークリッド距
離の小さい順にインデクスを求めている。sort は，配列を整列させる関数であ
る。1 番目の返り値に整列させた配列を返し，2 番目の返り値には元のインデク
スを返す。つまり，返り値を index1 に格納すると，index1(1) が，サンプル
に最も近いクラスタ番号となる。出力結果はおおむね**図 12.8** のようになる。

　この結果を X や Y と照らし合わせると，最初のサンプルに近いクラスタは
水（図 (a)），2 番目のサンプルに近いクラスタは濃い緑のまま変化がなかった
土地（図 (b)），3 番目のサンプルに近いクラスタは「裸地から緑（水田など）」
に変化した土地（図 (c)）であると対応付けられる。

162　12. 音声・画像処理の応用

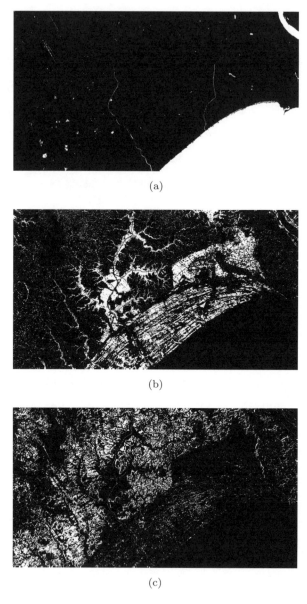

図 12.8　クラスタの可視化例（サンプルに近いクラスタ）

章 末 問 題

【1】 12.1.1 項で説明した関数 adsr1 を作成せよ（ヒント：プログラム 12-1 の ❷，❸ を参考にすると簡単に実装できる）。

【2】 多くの楽器の音量の変化は，指数関数の方がよりよく表現できる。例えば，対数をとってプロットした音量変化を見てみる。これを 4 本の直線で近似することもできそうである。対数プロット上での直線 4 本による ADSR を実現する adsr2 を作成せよ。出力例をプロットすると，図 12.9 のようになる。

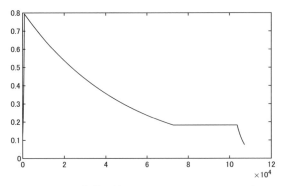

図 12.9 指数関数による ADSR エンベロープ

adsr1 と違って，0 の指定が難しいので，ADSR 区間での音量は開始点と終了点の両方を指定する形式で実現している。図 12.9 では，表 12.2 の値を利用した。ただし，変位は $\log_{10}$ をとった値である。

表 12.2 ADSR 区間

	時刻 開始	時刻 終了	変位 開始	変位 終了
A	0.00	0.02	-2.1	-0.23
D	0.02	1.65	-0.23	-1.7
S	1.65	2.35	-1.7	-1.7
R	2.35	2.43	-1.7	-2.6

【3】 音高と音長の組を与えてメロディを作成することを考える。そのためには，まず，table がどの音高に対応するのかはっきりした方がよい。そこで，構造体というデータ構造を利用して，さまざまな情報を一括して管理できるようにした方が便利である。

MATLABの構造体とは，多次元の配列であり，文字列のフィールド名を用いて対応する値を参照したり，変更したりできるデータ構造である。この構造体で，tableの周波数に対応する音高をpitchに記憶できるようにする。ここでは，MIDIで利用されている440 Hzの「ラ」を69とし，半音上がると1増え，半音下がると1減る整数値で音高を表すことにする。構造体の利用例をプログラム12-5に示す。この例では，周波数は217.2 Hzであるが，それを57（ラ）としている。

───── プログラム12-5（構造体の利用例）─────
```
>> piano.table=table;
>> piano.fs=44100;
>> piano.env=env;
>> 1/(length(piano.table)/piano.fs)
ans =
  217.2414
>> piano.pitch=57;
>> sound=piano;
>> sound.pitch
ans =
    57
```

この構造体と音高と音長（単位は〔s〕）を引数にとる関数wavetable_synth2を作成せよ。

【4】wavetable_synth1またはwavetable_synth2を用いて，楽譜情報を表す二つの配列音高に関するpと音長に関するvとテンポbpmを引数にとって，メロディに対応する音声データを生成する関数melodyを作成せよ。ただし，pはMIDIのノート番号で指定し，vは4分音符を1とする相対長，bpmは1分間に4分音符がいくつ分になるかを表す実数とする。休符はpを0とすることで表す。図12.10の楽譜はつぎのように表される。

図12.10　メロディの例

```
>> p = [60 60 62 64 0 62 60 0]
>> v = [1 1/2 1/2 1 1/2 1/2 3 1]
```

章　末　問　題　*165*

【5】 自分で収録したピアノ以外の楽器音を利用して，12.1節と同じようにWavetable
合成を行え。

【6】 プログラム12-3では，クラスタ数10個であったが，クラスタ数6個とクラ
スタ数8個にした場合のクラスタリングを行い，結果を比較せよ（ヒント：バ
ンド数が4と少ないので十分な解析はできないが，濃い緑，薄い緑，裸地の三
つを中心に比較してみよ）。

【7】 クラスタ数6個のクラスタリング結果について，プログラム12-4で試みたよ
うな変化の意味付けを試みよ。

【8】 2枚の画像での変化の教師データとして，対象としたい変化が起きている領域
の対応する部分の値8バンド分を与える方法を考える。このような教師データ
を与えて，同じ変化をしている領域を表示するプログラムを作成せよ（変化の
教師付き分類を行うプログラムを作成せよ）。

【9】 12.2節と同じような分析を，例題とは別の場所について行え。衛星写真のダウ
ンロード方法は，http://legacy.geogrid.org/doc/LBM30.pdf（2019年4月
現在）を参照せよ。よく知っている土地の写真を用いた方が分析はやりやすい。
なお，12.2節で利用している写真は，対応がとれる範囲を小さく切り出したも
のである。

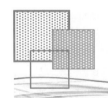

章末問題ヒント

　章末問題のうち，各章のプログラムをほぼそのまま実行すればよい問題以外の問題に対して，ヒント，または，得られる結果の画像を掲載する。

1 章

【3】　(1) 横軸の単位は〔ms〕である（図 **A.1**）。

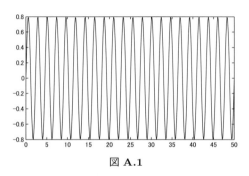

図 **A.1**

　　　(2) 横軸の単位は〔ms〕である（図 **A.2**）。

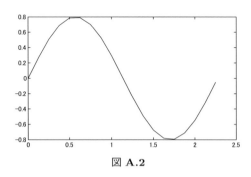

図 **A.2**

【6】　配列の最大値を求める関数は max で，絶対値を求める関数は abs である。

【9】　t を正しく生成した場合，plt.plot(ymix) は図 **A.3** のようになる。

章末問題ヒント　*167*

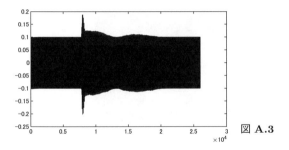

図 **A.3**

【10】 サポートサイトの `vibra8.wav` を反転させたものをプロットすると，図 **A.4** のようになる。

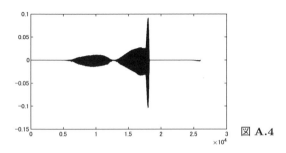

図 **A.4**

【11】 `vibra8.wav` を振幅 1，周波数 4 Hz の正弦波で振幅変調したものをプロットすると，図 **A.5** のようになる。

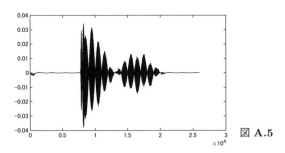

図 **A.5**

2 章

【9】 サポートサイトにある画像 `DSCF6600_normal.JPG` では，例えば図 **A.6** のようになる。この例では，照明で光っている部分がうまく抽出できていない一方で，肌色とは言い難い唇の部分が誤って抽出されていることがわかる。

図 A.6

【10】 サポートサイトの処理例の動画ファイル ans02_10.mp4 参照。

3章

【1】 振幅を 0.8 として作成した波形を先頭から 100 点プロットしたものと，スペクトルの例（512 点）は以下の通り（図 **A.7**）。

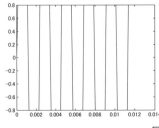
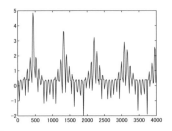

図 **A.7**

【2】 振幅を 0.8 として作成した波形を先頭から 100 点プロットしたものと，スペクトルの例（512 点）は以下の通り（図 **A.8**）。

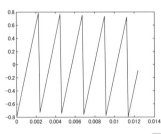
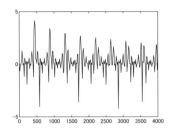

図 **A.8**

【3】 a-.wav の適当な部分をプロットしたものは，図 **A.9** のようになる。

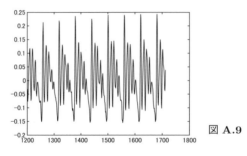

図 A.9

その部分のスペクトルは，図 **A.10** のようになる。

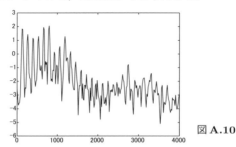

図 A.10

【7】 サポートサイトの `minami16.wav` で，セグメント長を 960 点，シフトを 96 点，FFT 長を 1 024 点とした場合のスペクトログラムは，図 **A.11** のようになる。基本周波数（140 Hz あたり）とその倍音成分に対応した横縞が観察できる。

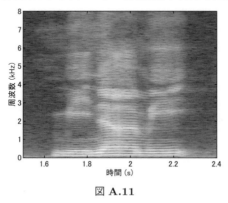

図 A.11

セグメント長を 96 点，シフトを 10 点，FFT 長を 512 点とした場合のスペクトログラムは，図 **A.12** のようになる。微細な倍音構造は観察できず，例えば，最初の /i/ の部分（1.65 秒から 1.8 秒あたり）では，200 Hz あたりと 2 200 Hz あたりが強くなっているように観察できる。

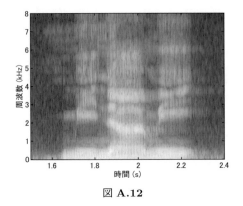

図 A.12

4章

【2】 ランダムなので試行やフレームによって変わるが，図 A.13 のようなスペクトルとなる。

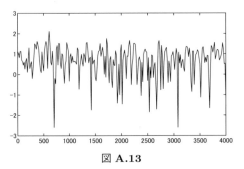

図 A.13

【4】 3点の場合のスペクトルは，図 A.14 の通り。

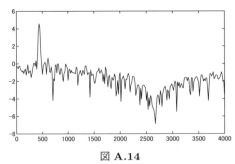

図 A.14

7点の場合は，図 A.15 の通り。

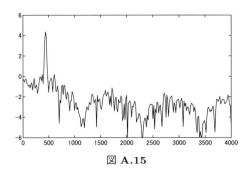

図 A.15

【6】 横軸は正規化周波数である（図 A.16）。

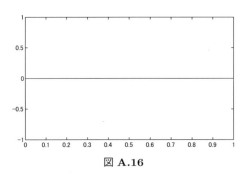

図 A.16

【7】 5点の場合は図 A.17 のようになる（横軸は正規化周波数）。

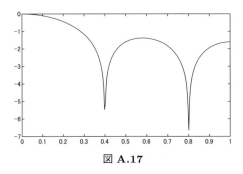

図 A.17

【11】 掃除器のモータ音の成分を強い順に三つ除去した結果は，図 A.18 のようなスペクトログラムとなる。

172   章末問題ヒント

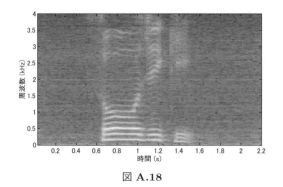

図 A.18

5 章

【2】 サポートサイトの cyclist-394274_640.jpg を wlen=100 とした場合，図 A.19 のようになる。雲などは消えているが，草木のところは残っている。

図 A.19

【3】 サポートサイトの building-1081868_640.jpg に対し，LPF を掛けると図 A.20 のようになる。

図 A.20

【6】 building-1081868_640.jpg に対し BPF を掛けた例は，以下の通り（図 A.21）。

章 末 問 題 ヒ ン ト　　*173*

図 **A.21**

大体の形状がわかる。

【 8 】　ノイズが完全に消えるわけではない（図 **A.22**）。

図 **A.22**

【 9 】　`building-1081868_640.jpg` を暗くすると，図 **A.23** のようになる。

図 **A.23**

【12】　指定通りに拡大されると周期が 2 倍，つまり，長さが 2 倍になる。元と同じサンプリング周波数で再生すると，音は低くなる。

6章

【1】 プログラム 6-1 の画像 G を対象にした場合，図 **A.24** のようになる。

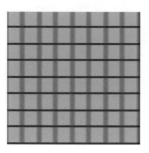

図 **A.24**

【2】 サイズが 7 の場合は，図 **A.25** のようになる。

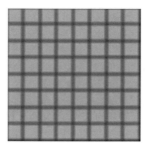

図 **A.25**

【3】 振幅を 1 として，正弦波を点線，その微分を実線でプロットすると，図 **A.26** のようになる。

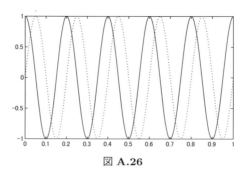

図 **A.26**

【4】 `building-1081868_640.jpg` を処理した例は，図 **A.27** の通り。

章末問題ヒント　　*175*

図 **A.27**

【5】 必ずしも最適な画像ではない（図 **A.28**）。

図 **A.28**

【6】 必ずしも最適な画像ではない（図 **A.29**）。

図 **A.29**

【7】 利用する手法やしきい値によって，大きく結果は変わる。図 **A.30** は Canny 法を用いて，エッジがあまり検出されないように設定した例である。

図 A.30

【8】 サポートサイトの rose.jpeg を処理した結果が，サポートサイトの ans06_08.png である。よく観察すると，左端の白い花や奥のバラが明確になったことがわかる。

【9】 cyclist-394274_640.jpg にノイズを追加した場合，図 A.31 のようになる。その画像に対し，カーネルサイズ 5 の 2 次元メディアンフィルタを掛けると，図 A.32 のようになる。また，サイズ 5 の平均化フィルタを掛けると図 A.33 のようになる。メディアンフィルタの方が，エッジがはっきりしていることがわかる。

図 A.31

図 A.32

図 A.33

【10】 building-1081868_640.jpg をカラーのまま，サイズ 9 の平均化フィルタを掛けると，図 **A.34** のようになる．

図 **A.34**

7 章

【5】 全体で自己相関をとった結果の右半分の 0 に近いところを拡大すると，図 **A.35** のようになる．

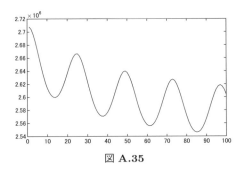

図 **A.35**

【8】 白色雑音に対する自己相関の結果をプロットすると，図 **A.36** のようになる．

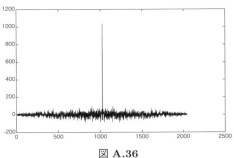

図 **A.36**

8章

【5】 cyclist-394274_640.jpg を用いて，z0 の左上の座標を $(235, 39)$ とした場合（人物の顔の部分）の散布図は，図 **A.37** の通り。

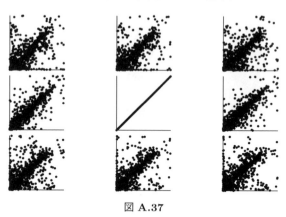

図 **A.37**

また，z0 の左上の座標を $(335, 39)$ とした場合（空の部分）の散布図は，図 **A.38** の通り。空のように周辺が似た領域の場合は，相関が大きいことがわかる。

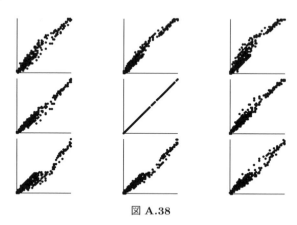

図 **A.38**

【6】 sim_corrcoef を改造して，y の要素のうち，ある点の誤差にさらに標準偏差に係数を掛けた値を加えられるようにする（例えば，3 と指定すると 3σ 分の誤差が加わる）。実行結果は，例えばつぎのようになる。

章末問題ヒント　*179*

```
num=100 xmax=5.000000e-01 multiplying factor=0
r=0.977216
num=100 xmax=5.000000e-01 multiplying factor=3
r=0.935856
num=100 xmax=5.000000e-01 multiplying factor=10
r=0.651684
num=100 xmax=5.000000e-01 multiplying factor=30
r=0.267667
num=100 xmax=5.000000e-01 multiplying factor=100
r=0.123289
```

外れ値の誤差が大きくなると，相関係数が正しく求まらなくなることがわかる。

【7】 例えば，大きなエッジがある小領域の場合，2点ほどずらしただけでも図 **A.39** のような散布図になる。

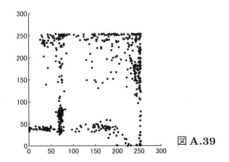

図 **A.39**

【8】 正しく処理できれば，つぎの図 **A.40** のように，その小領域自体との相関（つまり，相関係数 1）を頂点とする単峰性の分布が確認できるはずである。

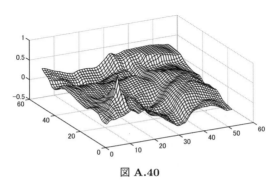

図 **A.40**

9章

【1】 スペクトログラムを示す（図 A.41）。

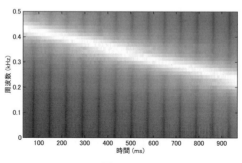

図 A.41

【2】 スペクトログラムを示す（図 A.42）。

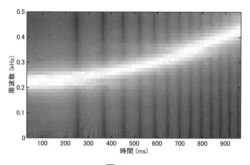

図 A.42

【3】 スペクトログラムを示す（図 A.43）。

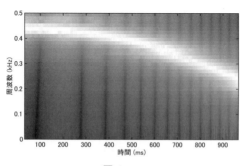

図 A.43

【7】 式 (9.19) で $C = 880$, $M = 1\,200$ のときのスペクトログラムを示す（図 **A.44**）。

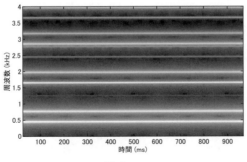

図 **A.44**

【8】 サポートサイトの aiueo8.wav を変調したときのスペクトログラムを示す（図 **A.45**）。

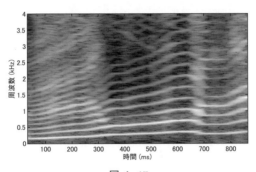

図 **A.45**

【9】 aiueo8.wav を変調したときのスペクトログラムを示す（図 **A.46**）。

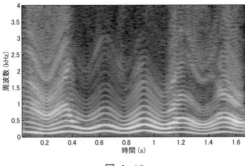

図 **A.46**

10 章

【1】 例えば，building-1081868_640.jpg は図 **A.47** のように変換される。

図 **A.47**

【2】 例えば，building-1081868_640.jpg は図 **A.48** のように変換される。

図 **A.48**

【5】 対応点の取り方で多少の違いは生じるが，以下のような行列になる。

$$\begin{bmatrix} -0.85 & 0.057 & 0 \\ -0.89 & -0.55 & 0 \\ 926 & 236 & 1 \end{bmatrix}$$

【6】 うまくいけば，図 **A.49** のようになる。

図 **A.49**

11 章

【2】 サポートサイトの higashi16.wav について，フレーム長 80，160，320 点のものを順にプロットすると，図 A.50 の通り。

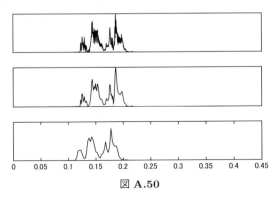

図 A.50

【8】 numpy.linalg.norm を活用すると，簡単に計算できる（図 A.51）。

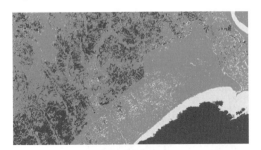

図 A.51

【9】 結果は図 A.52 の通り。

図 A.52

【10】 クラスタ数5のときの結果を示す（図 A.53）。初期値が乱数で決まり，それによりクラスタのインデクスも決まるため，試行ごとに領域は少し変わり，色は違うものになることがある。

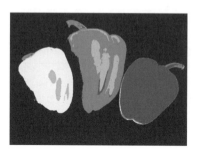

図 A.53

12 章

【8】 2014年3月と8月のデータを用いて，水田のように冬は土色で夏は緑色になる領域を黒く表示した例は，図 A.54 の通りである。

図 A.54

索　引

【あ】

アフィン変換　131

【い】

位　相　40
一次式　56
移動平均フィルタ　58
イメージシーケンス　27
インデクス　6, 8
インパルス　61
インパルス応答　61

【う】

うなり　10

【え】

衛星画像　144
エッジ　70
エッジ検出　87
エネルギー　139

【お】

オイラーの公式　115
オブジェクト　27
音声波形　6

【か】

回　転　126
角周波数　117
拡　大　129
角　度　92
加　算　55
可視化　6

カテゴリ　142
カラーエッジ　107

【き】

幾何学変換オブジェクト　130
基本周波数　98
逆フーリエ変換　51
教師付き分類　142
教師なし分類　159
行ベクトル　11
距　離　91

【く】

空間周波数　70
空間周波数スペクトル　70
矩形波　52
クラスタリング　159
クリップ　12
グレイスケール画像　19

【こ】

コサイン類似度　93

【さ】

斉次座標表現　129
最小値　32
最大値　32
最短距離法　149
最尤法（分類）　147
座　標　20
サンプリング周期　2, 56
サンプリング周波数　2

【し】

時間解像度　50
時間波形　6
時間領域　50
しきい値　30
システム　55
射影変換　133
周期関数　96
周期信号　36
周波数　1
周波数応答　61
周波数特性　61
周波数分解能　39
周波数変調　118
周波数領域　50
縮　小　129
出　力　55
純　音　1
瞬時周波数　118
シンセサイザー　150
振　幅　1
振幅スペクトル　38
振幅変調　12

【す】

スカラ　1
スペクトル　36
スペクトログラム　50

【せ】

正規化　12
正規化相関法　149
正弦波　1

索　　　引

零交差　140
鮮鋭化　87
漸化式　64
線形（線型）システム　56
線形チャープ　117
線形補間　121
せん断　136

【そ】
相関係数　94
相関係数行列　108
相互相関関数　95

【た】
帯　域　65
ダイナミックレンジ　110
多次元正規分布　147
畳み込み　60
多バンド画像　159
単位インパルス　61
短時間エネルギー　139

【ち】
遅　延　56
チャープ信号　117
中央値　89
直流成分　71

【て】
定数倍　56
デローネイ三角分割　133

【と】
同次座標表現　129
特徴空間　106, 142, 147
特徴量　138

【な】
ナイキスト周波数　38
内　積　92

【に】
入　力　55

【の】
ノコギリ波　53
ノルム　92

【は】
倍音構造　37
バイナリマスク　29
白色雑音　58
外れ値　110
ハニング窓　42
反　転　136
バンド　21
ハン窓　42

【ひ】
非線形フィルタ　89
ビブラート　118
微分係数　84
標準正規分布　58

【ふ】
フィードバック　64
フィルタ　58
複素共役　51
複素指数関数　115
複素数平面　40
符号関数　141
フーリエ変換　36
フレーム　49
フレーム（ビデオ）　26
フレームシフト　51
フレームレート　27
プロット　6
プロパティ　26
分　散　147
分　類　138
分類器　144

【へ】
平滑化　67
平　均　53, 147
平行移動　128

ベクトル　2
変換行列　127

【ほ】
補　間　121
ホワイトノイズ　58

【ま】
マスク　29
窓関数　42

【め】
メディアン　89

【ゆ】
床関数　53
ユークリッド距離　91

【ら】
ラプラシアンオペレータ　87
乱　数　58

【り】
リーク　42
離散的　2
離散フーリエ変換　37

【る】
類似度　91

【れ】
列ベクトル　14

【ろ】
ローパスフィルタ　65
論理インデクス　29
論理積　81

索　　引　　187

【A】

abs	37
ADSR	151
affine2d	130
angle	40
audioread	13
audiowrite	16
axis	76, 85, 127

【B】

bitand	81
butter	66

【C】

caldays	67
ceil	79
chirp	118
circshift	57
ClassificationKNN	144
colormap	85
conj	51
conv	60
conv2	80
corrcoef	108
cpcorr	137
cpselect	137
csvread	67 135

【D】

datetime	67
delaunay	133
diff	53
dot	92

【E】

end	8
exp	116

【F】

f_0	98
fft	37
fftshift	72

figure	50
filter	64
filter2	81
find	39
FIR	64
fir1	65
fitcknn	143, 144
fitgeotrans	132
flipud	51
floor	53
FrameRate	26
fspecial	83

【H】

hann	42
hasFrame	27
help	4
histeq	135
hold	43
HPF	68
hypot	86

【I】

ifft	51
ifft2	75
IIR	64
iirnotch	68
imageViewer	20
imcrop	24
imnoise	90
implay	27
imread	23
imrotate	128
imshow	20
imshowpair	135
imwarp	130
imwrite	25
interp1	121
intmax	22
inv	132
isempty	103
islocalmax	46

【K】

k 最近傍分類	143
k 平均法	159
kmeans	149, 159

【L】

length	8
linspace	20
load	157
lookfor	15
LPF	65

【M】

max	32
mean	53
medfilt2	89
mesh	73
meshgrid	75
min	32
mvnpdf	147

【N】

nan	103
nanmean	103
nargin	111
nextpow2	53
norm	92
normxcorr2	113

【O】

ones	21

【P】

pi	4
plot	6
poissrnd	84
predict	144
Prewitt オペレータ	89

【R】

randi	33
randn	58

rats	40	square	153	**【X】**		
readFrame	27	std	109			
repmat	22	stem	37	xcorr		95
resample	105	strcmp	144	xcorr2		112
reshape	20, 33	subplot	57	xlabel		7
RGB	20	sum	92	**【Y】**		
RGB 色空間	106	**【T】**				
rgb2gray	70			ylabel		7
【S】		tic	108	**【Z】**		
		toc	108			
save	156	triplot	128	zeros		21
sawtooth	104	**【U】**		**【記号・数字】**		
scatter	110					
setdiff	143	uint8	20	\		132
sign	52, 141	**【V】**		'		15, 71
sign	52			...		31
sin	4	vecnorm	108	:		3
size	14, 24	VideoReader	26	;		3, 23
Sobel オペレータ	86	view	73	2 階微分		85
sort	161	**【W】**		2 次元逆フーリエ変換		75
sound	5			2 次元畳み込み		80
soundsc	12	Wavetable 合成方式	150	2 次元フーリエ変換		72
spectrogram	49			8 ビット符号なし整数		20

―― 著 者 略 歴 ――

伊藤　克亘（いとう　かつのぶ）
1993年　東京工業大学大学院理工学研究科博士
　　　　課程修了（情報工学専攻），博士（工学）
1993年　電子技術総合研究所研究員
2003年　名古屋大学大学院助教授
2006年　法政大学教授
　　　　現在に至る

小泉　悠馬（こいずみ　ゆうま）
2014年　法政大学大学院情報科学研究科博士前
　　　　期課程修了（情報科学専攻）
2014年　日本電信電話株式会社NTTメディア
　　　　インテリジェンス研究所研究員
2017年　電気通信大学大学院情報理工学研究科
　　　　博士後期課程修了（情報学専攻）
　　　　博士（工学）
2020年　Google Research, Research Scientist
2023年　Google DeepMind, Staff Research Scientist
　　　　現在に至る

花泉　弘（はないずみ　ひろし）
1981年　東京大学大学院工学系研究科博士課程
　　　　中退（計数工学専攻）
1981年　東京大学助手
1987年　工学博士（東京大学）
1987年　法政大学専任講師
1989年　法政大学助教授
1996年　法政大学教授
　　　　現在に至る

MATLABで学ぶ実践画像・音声処理入門
Introduction to Media Computing in MATLAB : A Practical Approach
© Katsunobu Ito, Hiroshi Hanaizumi, NTT 2019

2019 年 9 月 30 日　初版第 1 刷発行　　　　　　　　　　　　　　　★
2025 年 6 月 20 日　初版第 3 刷発行

検印省略	著　者	伊　藤　克　亘
		花　泉　　　弘
		小　泉　悠　馬
	発行者	株式会社　コロナ社
		代表者　牛来真也
	印刷所	三美印刷株式会社
	製本所	有限会社　愛千製本所

112−0011　東京都文京区千石 4−46−10
発行所　株式会社　コロナ社
CORONA PUBLISHING CO., LTD.
Tokyo Japan
振替 00140−8−14844・電話(03)3941−3131(代)
ホームページ　https://www.coronasha.co.jp

ISBN 978−4−339−00925−5　　C3055　Printed in Japan　　　　　（三上）

〈出版者著作権管理機構　委託出版物〉
本書の無断複製は著作権法上での例外を除き禁じられています。複製される場合は，そのつど事前に，
出版者著作権管理機構（電話 03-5244-5088，FAX 03-5244-5089，e-mail: info@jcopy.or.jp）の許諾を
得てください。

本書のコピー，スキャン，デジタル化等の無断複製・転載は著作権法上での例外を除き禁じられています。
購入者以外の第三者による本書の電子データ化及び電子書籍化は，いかなる場合も認めていません。
落丁・乱丁はお取替えいたします。

音響テクノロジーシリーズ

(各巻A5判，欠番は品切です)

■日本音響学会編

			頁	本体
1.	音のコミュニケーション工学 ―マルチメディア時代の音声・音響技術―	北脇信彦編著	268	3700円
3.	音の福祉工学	伊福部　達著	252	3500円
4.	音の評価のための心理学的測定法	難波精一郎 桑野園子共著	238	3500円
7.	音・音場のディジタル処理	山﨑芳男 金田　豊編著	222	3300円
8.	改訂 環境騒音・建築音響の測定	橘　秀樹 矢野博夫共著	198	3000円
9.	新版 アクティブノイズコントロール	西村正治・宇佐川毅 伊勢史郎・梶川嘉延共著	238	3600円
10.	音源の流体音響学 ―CD-ROM付―	吉川　茂 和田　仁編著	280	4000円
11.	聴覚診断と聴覚補償	舩坂宗太郎著	208	3000円
12.	音環境デザイン	桑野園子編著	260	3600円
14.	音声生成の計算モデルと可視化	鏑木時彦編著	274	4000円
15.	アコースティックイメージング	秋山いわき編著	254	3800円
16.	音のアレイ信号処理 ―音源の定位・追跡と分離―	浅野　太著	288	4200円
17.	オーディオトランスデューサ工学 ―マイクロホン、スピーカ、イヤホンの基本と現代技術―	大賀寿郎著	294	4400円
18.	非線形音響 ―基礎と応用―	鎌倉友男編著	286	4200円
19.	頭部伝達関数の基礎と 3次元音響システムへの応用	飯田一博著	254	3800円
20.	音響情報ハイディング技術	鵜木祐史・西村竜一 伊藤彰則・西村　明共著 近藤和弘・薗田光太郎	172	2700円
21.	熱音響デバイス	琵琶哲志著	296	4400円
22.	音声分析合成	森勢将雅著	272	4000円
23.	弾性表面波・圧電振動型センサ	近藤　淳 工藤すばる共著	230	3500円
24.	機械学習による音声認識	久保陽太郎著	324	4800円
25.	聴覚・発話に関する脳活動観測	今泉敏編著	194	3000円
26.	超音波モータ	中村健太郎 黒澤　実共著 青柳　学	264	4300円
27.	物理と心理から見る音楽の音響	大田健紘編著	190	3100円

以下続刊

建築におけるスピーチプライバシー ―その評価と音空間設計―	清水　寧編著	環境音分析	井本桂右 川口洋平共著 小泉悠馬
聴取実験の基本と実践	栗栖清浩編著	発声の物理	吉永　司編著

定価は本体価格＋税です。
定価は変更されることがありますのでご了承下さい。

‖‖‖‖‖‖‖‖‖‖‖‖‖‖‖‖‖‖　図書目録進呈◆